WINE TASTING NOTEBOOK

[ワイン テイスティングノート]

監修:長谷部 賢

飲んだワインを記録する

自分だけの

テイスティングノート

ブドウの写真は、グレイスワイン三澤農場(北杜市明野町)

Contents

ワインアドバイザー日本一

長谷部 賢 テイスティング教室

テイスティング表現の順番

1 外観

清澄度
↓
輝き
↓
色調
↓
濃淡
↓
粘着性

※白い紙や布などを背景にすると、色調が分かりやすくなります。

2 香り

印象（芳香性）とその強弱
↓
要素とその強弱

3 味わい

アタックとその強弱
↓
甘み、酸味とその強弱・性質
↓
渋味（赤ワインはタンニンを表現）、
苦味とその強弱・性質
↓
アルコールのボリューム
↓
余韻の長短

【テイスティングの仕方】

》》》

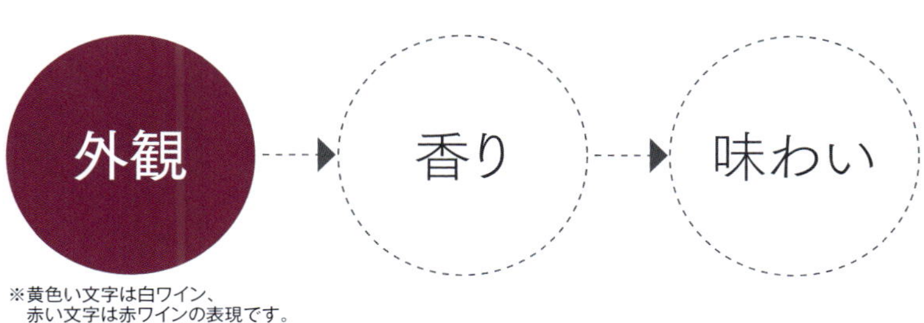

※黄色い文字は白ワイン、
赤い文字は赤ワインの表現です。

●色合いとその濃淡

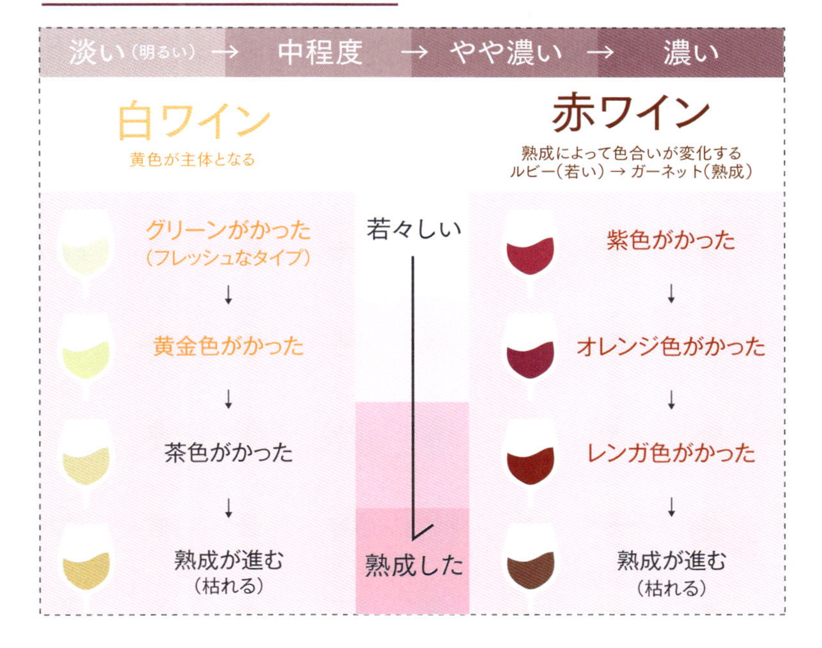

【清澄度合い、輝きの表現】

澄んだ／深みのある／クリスタルのような
輝きのある／落ち着いた

【粘着性の表現】

さらっとした／やや軽い／やや強い／強い

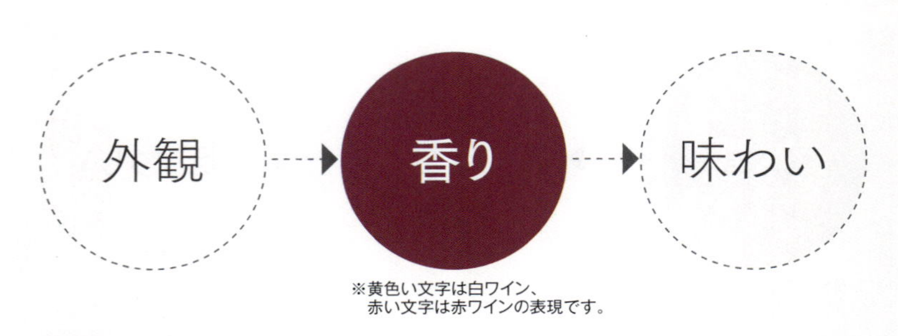

※黄色い文字は白ワイン、
赤い文字は赤ワインの表現です。

●第一印象（香りのボリューム）の表現

閉じている／控えめ／しっかりと感じられる／力強い

●特徴

果実、花、スパイス・ハーブ、その他…

果実

柑橘系果実
（レモン、グレープフルーツなど）

トロピカル系果実
（白桃、パイナップル、
マンゴーなど）

赤系果実
（イチゴ、ラズベリーなど）

黒系果実
（ブラックチェリー、
ブラックベリーなど）

花

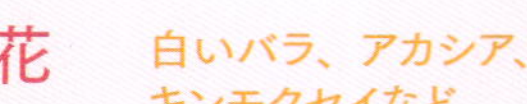

白いバラ、アカシア、
キンモクセイなど

バラ、スミレ、ボタンなど

スパイス・ハーブ

白コショウ、レモングラス、
セルフィーユ、ミントなど

黒コショウ、八角、シナモンなど

その他

バニラ、バター、ロースト、ナッツ、
紅茶、キノコ、キャンディ、ミネラルなど

【香りの強弱の表現】

控えめ／はっきりと／強く

【果実の状態・熟成レベル】

フレッシュ→リキュール→ジャム→ドライフルーツ

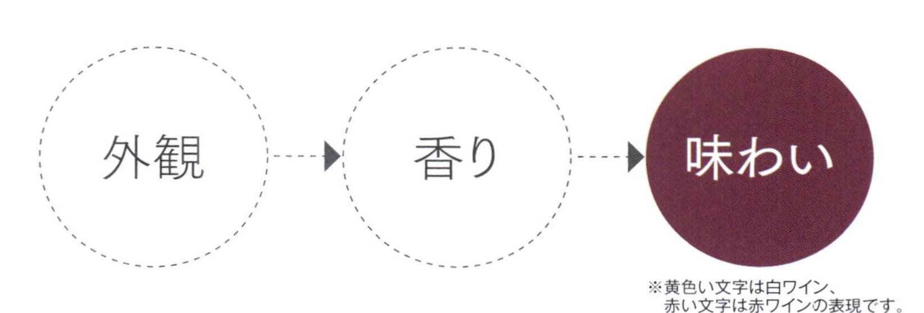

※黄色い文字は白ワイン、
赤い文字は赤ワインの表現です。

●アタック（第一印象）

口に含んだ瞬間の印象を述べる

アタック ソフト／しっかりと／インパクトのある

●広がり

味わいが広がっていく過程で、アルコールのボリュームと要素のバランスを見る

甘み ドライ／まろやかな／豊かな

酸味 強い／爽やかな／やさしい

渋味 きめ細かい／やさしい／力強い／収れん性のある

苦味 穏やかな／うま味を伴った／強い

アルコール 控えめ／中程度／強い

バランス スリムな／はつらつとした／まろやかな／力強い
スマートな／バランスの良い／コクのある／力強い

●余韻

ワインを飲んだ後に口中に残る風味の長さ

余韻 長い／やや長い／短め

長谷部　賢　はせべ　けん

プロフィール

1967年、山梨県大月市生まれ。長谷部酒店（同市）代表、日本ソムリエ協会（JSA）理事。JSA認定シニアソムリエ、2013年の第9回ワインアドバイザー全国選手権大会で優勝。CIVB（ボルドーワイン委員会）認定「ボルドー公認講師」。

「ワイン テイスティングノート」の使い方

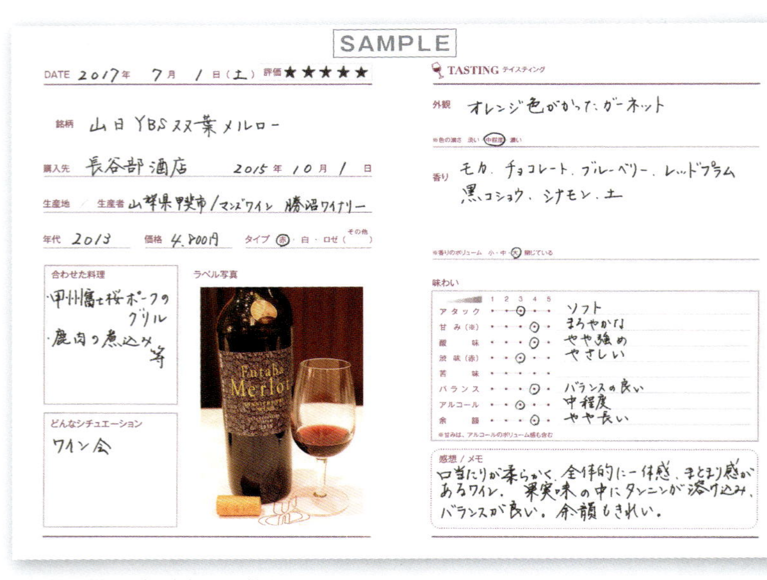

SAMPLE

DATE 2017年 7月 1日（土） 評価★★★★★

銘柄 山日YBS双葉メルロー

購入先 長谷部酒店 2015年 10月 1日

生産地／生産者 山梨県甲斐市／マンズワイン 勝沼ワイナリー

年代 2013 価格 4,800円 タイプ ㊀赤・白・ロゼ（その他 ）

合わせた料理
・甲州富士桜ポークのグリル
・鹿肉の煮込み 等

ラベル写真

どんなシチュエーション
ワイン会

TASTING テイスティング

外観 オレンジ色がかったガーネット

※色の濃さ 淡い・中程度（○）・濃い

香り モカ、チョコレート、ブルーベリー、レッドプラム、黒コショウ、シナモン、土

※香りのボリューム 小・中・大（○） 閉じている

味わい

	1	2	3	4	5	
アタック			○			ソフト
甘み（※）				○		まろやかな
酸味				○		やや強め
渋味（赤）			○			やさしい
苦味						
バランス				○		バランスの良い
アルコール			○			中程度
余韻				○		やや長い

※甘みは、アルコールのボリューム感も含む

感想／メモ
口当たりが柔らかく、全体的に一体感、まとまり感があるワイン。果実味の中にタンニンが溶け込み、バランスが良い。余韻もきれい。

〈記入例〉ご使用の際の参考にしてください。

【ラベルに書かれていること】 主なポイントをまとめました。

①ワイン名	一番大きな文字で記載されていることが多いです。生産者名やブランド名、品種名、原産地名などの場合もあります。
②年代（ヴィンテージ）	ワインに使用したブドウの収穫年です。
③アルコール度数	ワインのアルコール度数は13％前後が一般的です。

※ボトルの裏ラベルに、ワインのタイプなどが記載されていることもあります。参考にするとよいでしょう。

Personal data

Name

Address 〒

Birthday

Tel

Fax

E-mail

Memo

DATE 年 月 日（ ） 評価 ☆☆☆☆☆

銘柄

購入先 年 月 日

生産地 ／ 生産者

年代

価格

タイプ 赤・白・ロゼ（その他 ）

合わせた料理

どんなシチュエーション

ラベル写真

photo or Label

外観

※色の濃さ　淡い・中程度・濃い

香り

※香りのボリューム　小・中・大　閉じている

味わい

	1	2	3	4	5	
アタック	●	●	●	●	●	
甘み（※）	●	●	●	●	●	
酸味	●	●	●	●	●	
渋味（赤）	●	●	●	●	●	
苦味	●	●	●	●	●	
バランス	●	●	●	●	●	
アルコール	●	●	●	●	●	
余韻	●	●	●	●	●	

※甘みは、アルコールのボリューム感も含む

感想 / メモ

DATE　　　　年　　　月　　　日（　　）　評価 ☆ ☆ ☆ ☆ ☆

銘柄

購入先　　　　　　　　　　　　　年　　　月　　　日

生産地 ／ 生産者

年代

価格

タイプ　赤・白・ロゼ（その他　　）

合わせた料理

どんなシチュエーション

ラベル写真

photo or Label

TASTING テイスティング

外観

※色の濃さ　淡い・中程度・濃い

香り

※香りのボリューム　小・中・大　閉じている

味わい

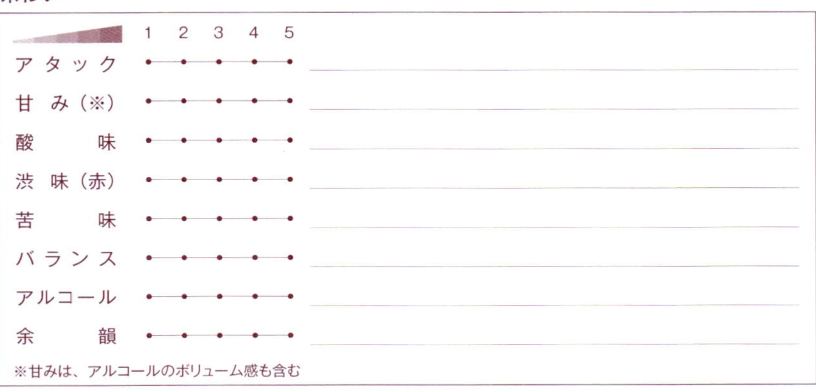

	1	2	3	4	5	
アタック						
甘み（※）						
酸味						
渋味（赤）						
苦味						
バランス						
アルコール						
余韻						

※甘みは、アルコールのボリューム感も含む

感想 / メモ

DATE 年 月 日（ ） 評価 ☆☆☆☆☆

銘柄

購入先 年 月 日

生産地 ／ 生産者

年代

価格

タイプ 赤・白・ロゼ（その他 ）

合わせた料理

ラベル写真

photo or Label

どんなシチュエーション

外観

※色の濃さ　淡い・中程度・濃い

香り

※香りのボリューム　小・中・大　閉じている

味わい

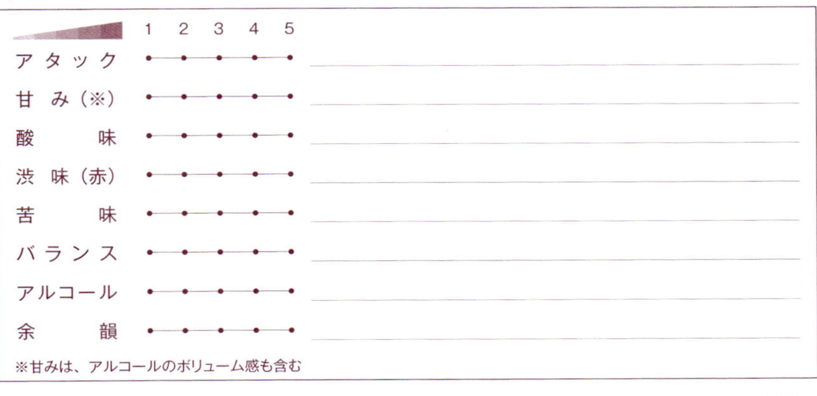

	1	2	3	4	5
アタック	●	●	●	●	●
甘み（※）	●	●	●	●	●
酸味	●	●	●	●	●
渋味（赤）	●	●	●	●	●
苦味	●	●	●	●	●
バランス	●	●	●	●	●
アルコール	●	●	●	●	●
余韻	●	●	●	●	●

※甘みは、アルコールのボリューム感も含む

感想 / メモ

DATE　　　　年　　月　　日（　　）

評価 ☆ ☆ ☆ ☆ ☆

銘柄

購入先　　　　年　　月　　日

生産地 ／ 生産者

年代

価格

タイプ　赤・白・ロゼ（その他　　）

合わせた料理

ラベル写真

photo or Label

どんなシチュエーション

外観

※色の濃さ　淡い・中程度・濃い

香り

※香りのボリューム　小・中・大　閉じている

味わい

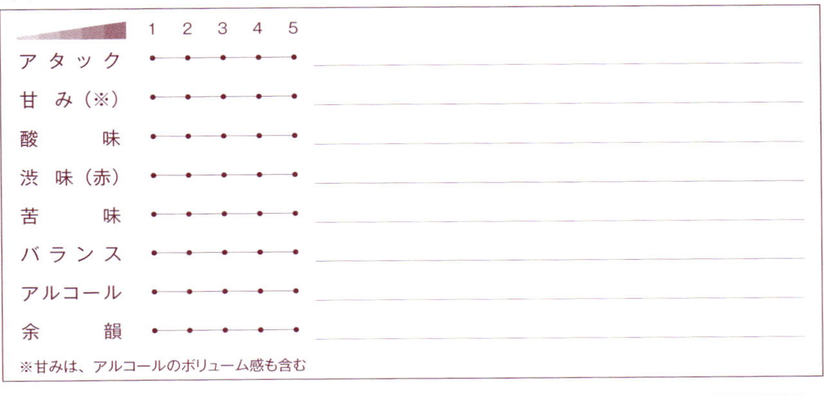

感想 / メモ

DATE　　　年　　月　　日（　　）　評価 ☆☆☆☆☆

銘柄

購入先　　　年　　月　　日

生産地 ／ 生産者

年代

価格

タイプ　赤・白・ロゼ（その他　　）

合わせた料理

どんなシチュエーション

ラベル写真

photo or Label

外観

※色の濃さ　淡い・中程度・濃い

香り

※香りのボリューム　小・中・大　閉じている

味わい

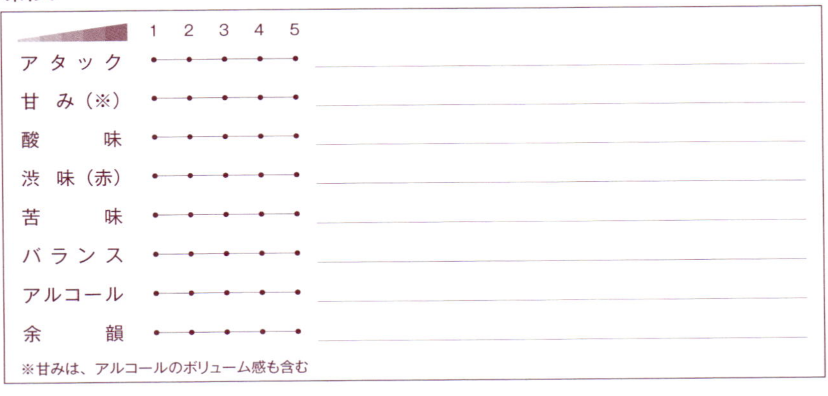

感想 / メモ

DATE　年　月　日（　）　評価 ☆☆☆☆☆

銘柄

購入先　年　月　日

生産地 ／ 生産者

年代　価格　タイプ　赤・白・ロゼ（その他　）

合わせた料理

ラベル写真

photo or Label

どんなシチュエーション

外観

※色の濃さ　淡い・中程度・濃い

香り

※香りのボリューム　小・中・大　閉じている

味わい

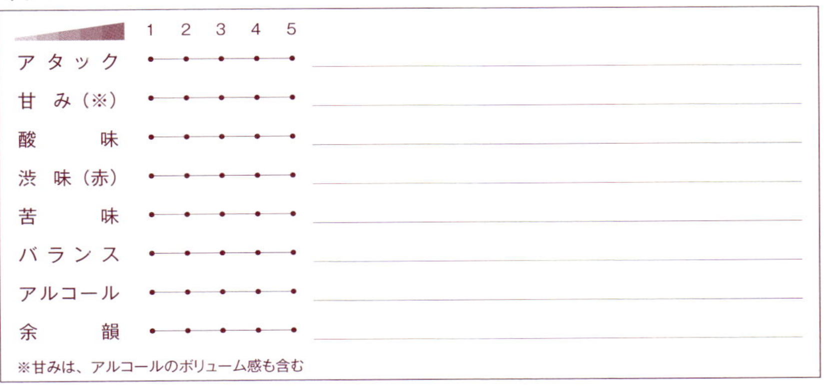

	1	2	3	4	5
アタック	●	●	●	●	●
甘み（※）	●	●	●	●	●
酸味	●	●	●	●	●
渋味（赤）	●	●	●	●	●
苦味	●	●	●	●	●
バランス	●	●	●	●	●
アルコール	●	●	●	●	●
余韻	●	●	●	●	●

※甘みは、アルコールのボリューム感も含む

感想 / メモ

DATE　　　　年　　月　　日（　　）　評価☆☆☆☆☆

銘柄

購入先　　　　年　　月　　日

生産地 ／ 生産者

年代

価格

タイプ　赤・白・ロゼ（その他　　）

合わせた料理

ラベル写真

photo or Label

どんなシチュエーション

外観

※色の濃さ　淡い・中程度・濃い

香り

※香りのボリューム　小・中・大　閉じている

味わい

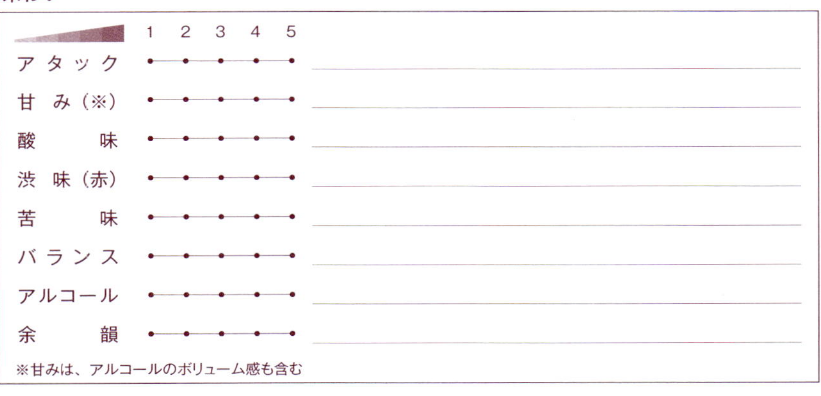

	1	2	3	4	5	
アタック	●	●	●	●	●	
甘み（※）	●	●	●	●	●	
酸味	●	●	●	●	●	
渋味（赤）	●	●	●	●	●	
苦味	●	●	●	●	●	
バランス	●	●	●	●	●	
アルコール	●	●	●	●	●	
余韻	●	●	●	●	●	

※甘みは、アルコールのボリューム感も含む

感想 / メモ

DATE　　年　　月　　日（　　）　評価 ☆ ☆ ☆ ☆ ☆

銘柄

購入先　　　　年　　月　　日

生産地　／　生産者

年代　　価格　　タイプ　赤・白・ロゼ（その他　　）

合わせた料理

ラベル写真

photo or Label

どんなシチュエーション

外観

※色の濃さ　淡い・中程度・濃い

香り

※香りのボリューム　小・中・大　閉じている

味わい

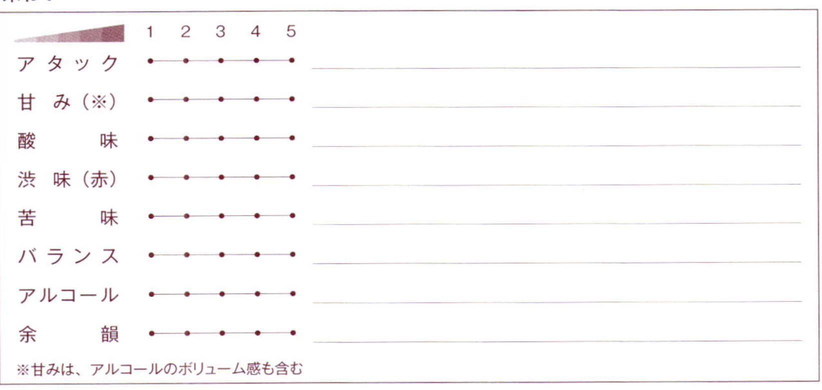

	1	2	3	4	5	
アタック	•	•	•	•	•	
甘み（※）	•	•	•	•	•	
酸味	•	•	•	•	•	
渋味（赤）	•	•	•	•	•	
苦味	•	•	•	•	•	
バランス	•	•	•	•	•	
アルコール	•	•	•	•	•	
余韻	•	•	•	•	•	

※甘みは、アルコールのボリューム感も含む

感想 / メモ

DATE　年　月　日（　）

評価 ☆ ☆ ☆ ☆ ☆

銘柄

購入先　年　月　日

生産地　／　生産者

年代

価格

タイプ　赤・白・ロゼ（その他　）

合わせた料理

ラベル写真

photo or Label

どんなシチュエーション

外観

※色の濃さ　淡い・中程度・濃い

香り

※香りのボリューム　小・中・大　閉じている

味わい

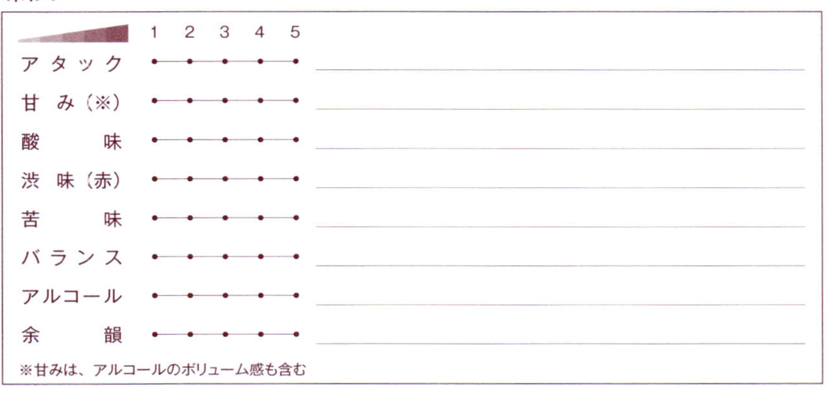

	1	2	3	4	5	
アタック	●	●	●	●	●	
甘み（※）	●	●	●	●	●	
酸味	●	●	●	●	●	
渋味（赤）	●	●	●	●	●	
苦味	●	●	●	●	●	
バランス	●	●	●	●	●	
アルコール	●	●	●	●	●	
余韻	●	●	●	●	●	

※甘みは、アルコールのボリューム感も含む

感想 / メモ

DATE　年　月　日（　）　評価 ☆ ☆ ☆ ☆ ☆

銘柄

購入先　年　月　日

生産地 ／ 生産者

年代　価格　タイプ　赤・白・ロゼ（その他　）

合わせた料理

ラベル写真

photo or Label

どんなシチュエーション

外観

※色の濃さ　淡い・中程度・濃い

香り

※香りのボリューム　小・中・大　閉じている

味わい

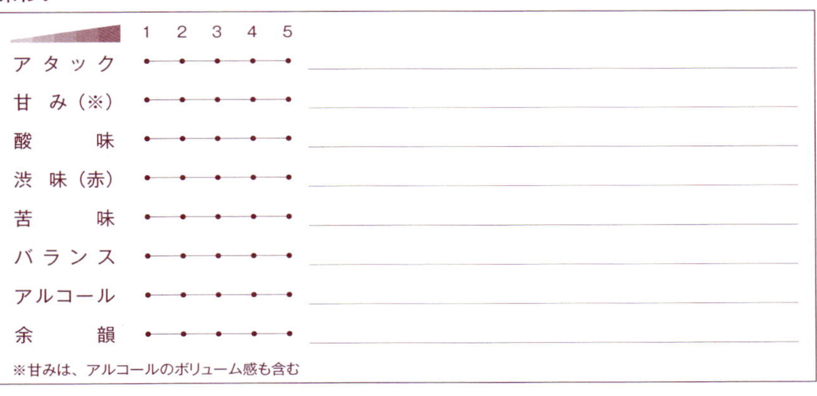

感想 / メモ

DATE　　　　年　　月　　日（　　）　評価 ☆ ☆ ☆ ☆ ☆

銘柄

購入先　　　　　　　　　　　　年　　月　　日

生産地 ／ 生産者

年代

価格

タイプ　赤・白・ロゼ（その他　　）

合わせた料理

ラベル写真

photo or Label

どんなシチュエーション

外観

※色の濃さ　淡い・中程度・濃い

香り

※香りのボリューム　小・中・大　閉じている

味わい

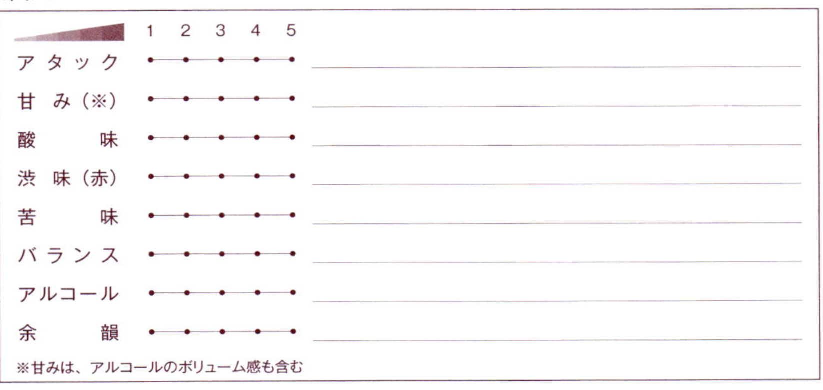

	1	2	3	4	5	
アタック	●	●	●	●	●	
甘み（※）	●	●	●	●	●	
酸味	●	●	●	●	●	
渋味（赤）	●	●	●	●	●	
苦味	●	●	●	●	●	
バランス	●	●	●	●	●	
アルコール	●	●	●	●	●	
余韻	●	●	●	●	●	

※甘みは、アルコールのボリューム感も含む

感想 / メモ

DATE　　　年　　月　　日（　　）　評価 ☆ ☆ ☆ ☆ ☆

銘柄

購入先　　　　　　　　　　　年　　月　　日

生産地 ／ 生産者

年代

価格

タイプ　赤・白・ロゼ（その他　　）

合わせた料理

ラベル写真

photo or Label

どんなシチュエーション

外観

※色の濃さ　淡い・中程度・濃い

香り

※香りのボリューム　小・中・大　閉じている

味わい

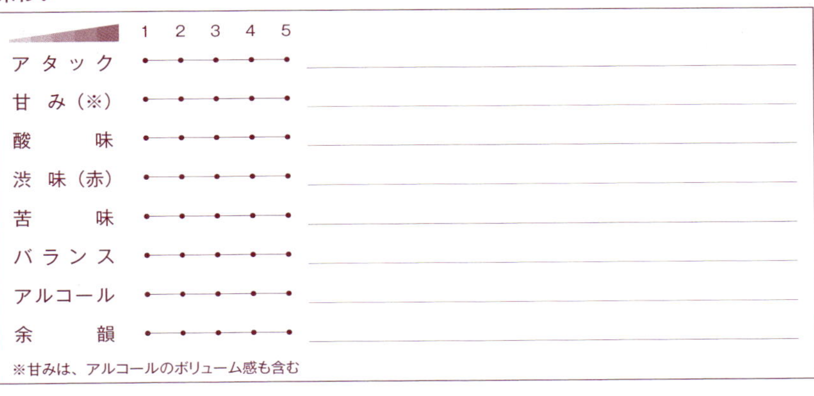

	1	2	3	4	5	
アタック	●	●	●	●	●	
甘み（※）	●	●	●	●	●	
酸味	●	●	●	●	●	
渋味（赤）	●	●	●	●	●	
苦味	●	●	●	●	●	
バランス	●	●	●	●	●	
アルコール	●	●	●	●	●	
余韻	●	●	●	●	●	

※甘みは、アルコールのボリューム感も含む

感想／メモ

DATE 年 月 日（ ） 評価 ☆ ☆ ☆ ☆ ☆

銘柄

購入先 年 月 日

生産地 ／ 生産者

年代

価格

タイプ 赤・白・ロゼ（その他 ）

合わせた料理

どんなシチュエーション

ラベル写真

photo or Label

外観

※色の濃さ　淡い・中程度・濃い

香り

※香りのボリューム　小・中・大　閉じている

味わい

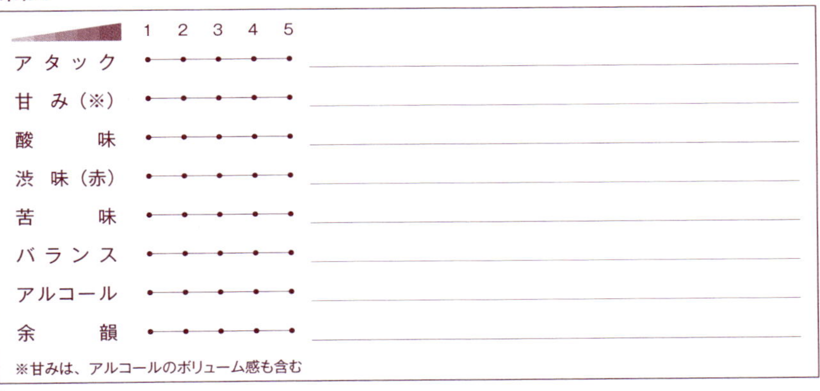

	1	2	3	4	5	
アタック	●	●	●	●	●	
甘み（※）	●	●	●	●	●	
酸味	●	●	●	●	●	
渋味（赤）	●	●	●	●	●	
苦味	●	●	●	●	●	
バランス	●	●	●	●	●	
アルコール	●	●	●	●	●	
余韻	●	●	●	●	●	

※甘みは、アルコールのボリューム感も含む

感想 / メモ

DATE　　年　　月　　日（　　）

評価 ☆☆☆☆☆

銘柄

購入先　　年　　月　　日

生産地 ／ 生産者

年代

価格

タイプ　赤・白・ロゼ（その他　　）

合わせた料理

どんなシチュエーション

ラベル写真

photo or Label

TASTING テイスティング

外観

※色の濃さ　淡い・中程度・濃い

香り

※香りのボリューム　小・中・大　閉じている

味わい

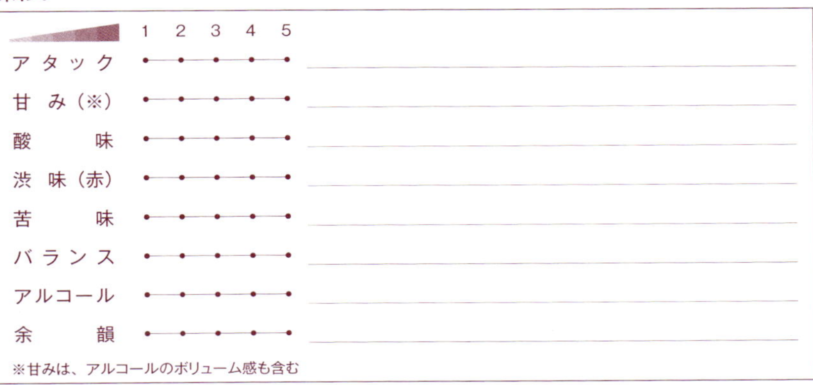

	1	2	3	4	5
アタック	●	●	●	●	●
甘み（※）	●	●	●	●	●
酸味	●	●	●	●	●
渋味（赤）	●	●	●	●	●
苦味	●	●	●	●	●
バランス	●	●	●	●	●
アルコール	●	●	●	●	●
余韻	●	●	●	●	●

※甘みは、アルコールのボリューム感も含む

感想 / メモ

DATE　　　　年　　　月　　　日（　　）

評価 ☆☆☆☆☆

銘柄

購入先　　　　　　　　　　　　年　　　月　　　日

生産地 ／ 生産者

年代

価格

タイプ　赤・白・ロゼ（その他　　）

合わせた料理

ラベル写真

photo or Label

どんなシチュエーション

外観

※色の濃さ　淡い・中程度・濃い

香り

※香りのボリューム　小・中・大　閉じている

味わい

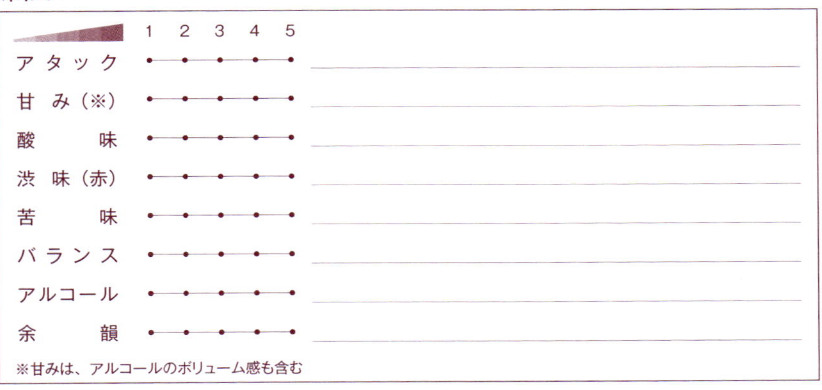

	1	2	3	4	5
アタック	●	●	●	●	●
甘み（※）	●	●	●	●	●
酸味	●	●	●	●	●
渋味（赤）	●	●	●	●	●
苦味	●	●	●	●	●
バランス	●	●	●	●	●
アルコール	●	●	●	●	●
余韻	●	●	●	●	●

※甘みは、アルコールのボリューム感も含む

感想 / メモ

DATE　年　月　日（　）　評価 ☆ ☆ ☆ ☆ ☆

銘柄

購入先　年　月　日

生産地 ／ 生産者

年代

価格

タイプ　赤・白・ロゼ（その他　）

合わせた料理

どんなシチュエーション

ラベル写真

photo or Label

外観

※色の濃さ　淡い・中程度・濃い

香り

※香りのボリューム　小・中・大　閉じている

味わい

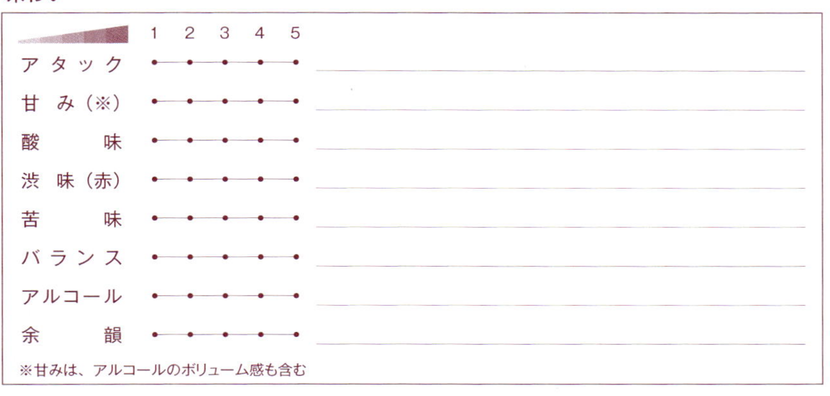

感想 / メモ

DATE　年　月　日（　）

評価 ☆☆☆☆☆

銘柄

購入先　年　月　日

生産地 ／ 生産者

年代

価格

タイプ　赤・白・ロゼ（その他　）

合わせた料理

どんなシチュエーション

ラベル写真

photo or Label

外観

※色の濃さ　淡い・中程度・濃い

香り

※香りのボリューム　小・中・大　閉じている

味わい

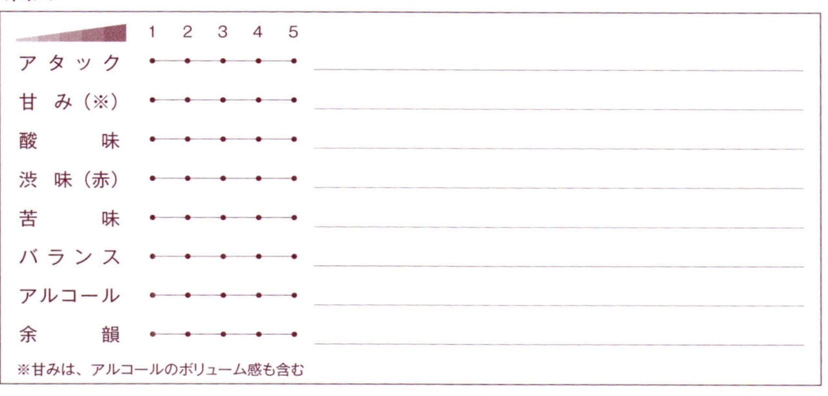

感想 / メモ

DATE 年 月 日（ ） 評価 ☆☆☆☆☆

銘柄

購入先 年 月 日

生産地 ／ 生産者

年代

価格

タイプ 赤・白・ロゼ（その他 ）

合わせた料理

ラベル写真

photo or Label

どんなシチュエーション

外観

※色の濃さ　淡い・中程度・濃い

香り

※香りのボリューム　小・中・大　閉じている

味わい

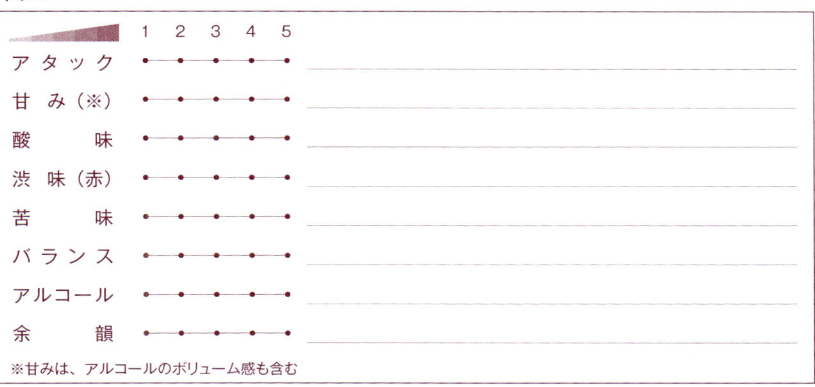

	1	2	3	4	5	
アタック	•	•	•	•	•	
甘み（※）	•	•	•	•	•	
酸味	•	•	•	•	•	
渋味（赤）	•	•	•	•	•	
苦味	•	•	•	•	•	
バランス	•	•	•	•	•	
アルコール	•	•	•	•	•	
余韻	•	•	•	•	•	

※甘みは、アルコールのボリューム感も含む

感想 / メモ

DATE　年　月　日（　）　評価 ☆☆☆☆☆

銘柄

購入先　年　月　日

生産地 ／ 生産者

年代　価格　タイプ　赤・白・ロゼ（その他　）

合わせた料理

ラベル写真

photo or Label

どんなシチュエーション

外観

※色の濃さ　淡い・中程度・濃い

香り

※香りのボリューム　小・中・大　閉じている

味わい

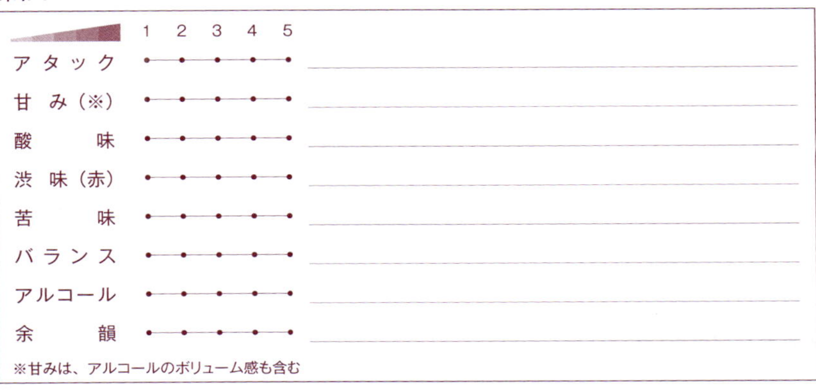

	1	2	3	4	5	
アタック	●	●	●	●	●	
甘み（※）	●	●	●	●	●	
酸味	●	●	●	●	●	
渋味（赤）	●	●	●	●	●	
苦味	●	●	●	●	●	
バランス	●	●	●	●	●	
アルコール	●	●	●	●	●	
余韻	●	●	●	●	●	

※甘みは、アルコールのボリューム感も含む

感想 / メモ

DATE 年 月 日（ ） 評価 ☆ ☆ ☆ ☆ ☆

銘柄

購入先 年 月 日

生産地 ／ 生産者

年代 価格 タイプ 赤・白・ロゼ（その他 ）

合わせた料理

ラベル写真

photo or Label

どんなシチュエーション

外観

※色の濃さ　淡い・中程度・濃い

香り

※香りのボリューム　小・中・大　閉じている

味わい

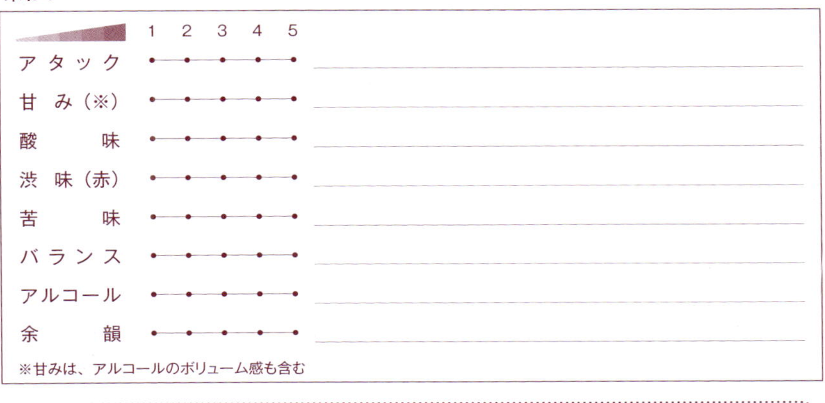

	1	2	3	4	5
アタック	●	●	●	●	●
甘み（※）	●	●	●	●	●
酸味	●	●	●	●	●
渋味（赤）	●	●	●	●	●
苦味	●	●	●	●	●
バランス	●	●	●	●	●
アルコール	●	●	●	●	●
余韻	●	●	●	●	●

※甘みは、アルコールのボリューム感も含む

感想 / メモ

DATE 年 月 日（ ） 評価 ☆☆☆☆☆

銘柄

購入先 年 月 日

生産地 ／ 生産者

年代

価格

タイプ 赤・白・ロゼ（その他 ）

合わせた料理

ラベル写真

photo or Label

どんなシチュエーション

外観

※色の濃さ　淡い・中程度・濃い

香り

※香りのボリューム　小・中・大　閉じている

味わい

	1	2	3	4	5	
アタック	●	●	●	●	●	
甘み（※）	●	●	●	●	●	
酸味	●	●	●	●	●	
渋味（赤）	●	●	●	●	●	
苦味	●	●	●	●	●	
バランス	●	●	●	●	●	
アルコール	●	●	●	●	●	
余韻	●	●	●	●	●	

※甘みは、アルコールのボリューム感も含む

感想 / メモ

DATE　年　月　日（　）　評価 ☆ ☆ ☆ ☆ ☆

銘柄

購入先　年　月　日

生産地 ／ 生産者

年代

価格

タイプ　赤・白・ロゼ（その他　）

合わせた料理

ラベル写真

photo or Label

どんなシチュエーション

外観

※色の濃さ　淡い・中程度・濃い

香り

※香りのボリューム　小・中・大　閉じている

味わい

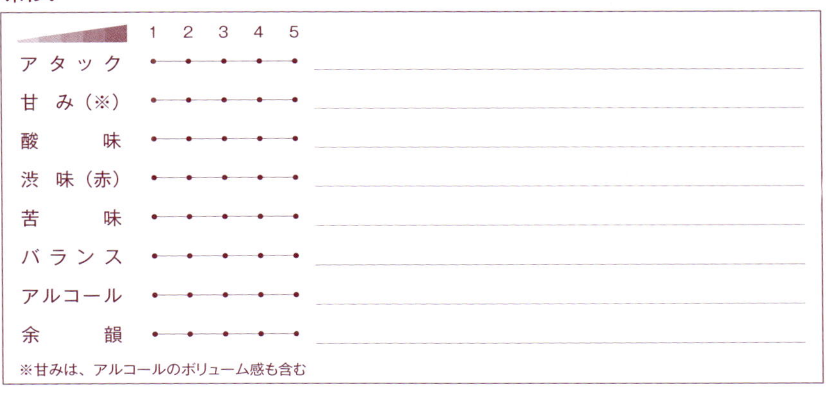

感想／メモ

DATE 年 月 日（ ） 評価 ☆ ☆ ☆ ☆ ☆

銘柄

購入先 年 月 日

生産地 ／ 生産者

年代

価格

タイプ 赤・白・ロゼ（その他 ）

合わせた料理

どんなシチュエーション

ラベル写真

photo or Label

外観

※色の濃さ　淡い・中程度・濃い

香り

※香りのボリューム　小・中・大　閉じている

味わい

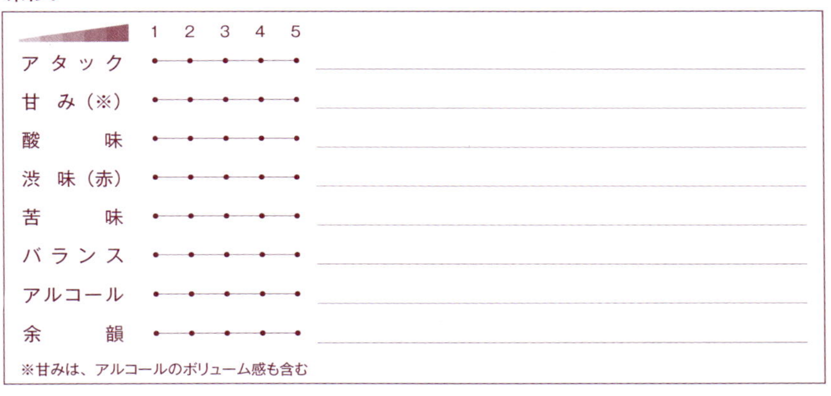

	1	2	3	4	5
アタック	•	•	•	•	•
甘み（※）	•	•	•	•	•
酸味	•	•	•	•	•
渋味（赤）	•	•	•	•	•
苦味	•	•	•	•	•
バランス	•	•	•	•	•
アルコール	•	•	•	•	•
余韻	•	•	•	•	•

※甘みは、アルコールのボリューム感も含む

感想 / メモ

DATE　　年　　月　　日（　　）　評価 ☆☆☆☆☆

銘柄

購入先　　　　年　　月　　日

生産地 ／ 生産者

年代　　価格　　タイプ　赤・白・ロゼ（その他　　）

合わせた料理

どんなシチュエーション

ラベル写真

photo or Label

外観

※色の濃さ　淡い・中程度・濃い

香り

※香りのボリューム　小・中・大　閉じている

味わい

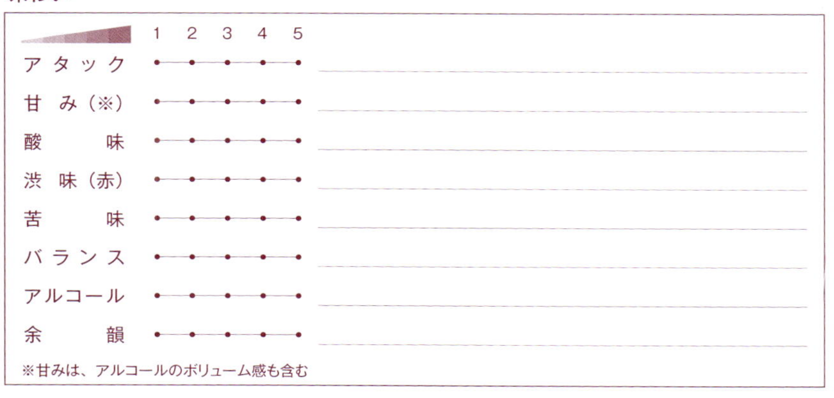

感想 / メモ

DATE　　　　年　　　月　　　日（　　）　評価 ☆ ☆ ☆ ☆ ☆

銘柄

購入先　　　　　　　　　　　　　　　年　　　月　　　日

生産地　／　生産者

年代　　　　　　　価格　　　　　　　タイプ　赤・白・ロゼ（その他　　）

合わせた料理

ラベル写真

photo or Label

どんなシチュエーション

外観

※色の濃さ　淡い・中程度・濃い

香り

※香りのボリューム　小・中・大　閉じている

味わい

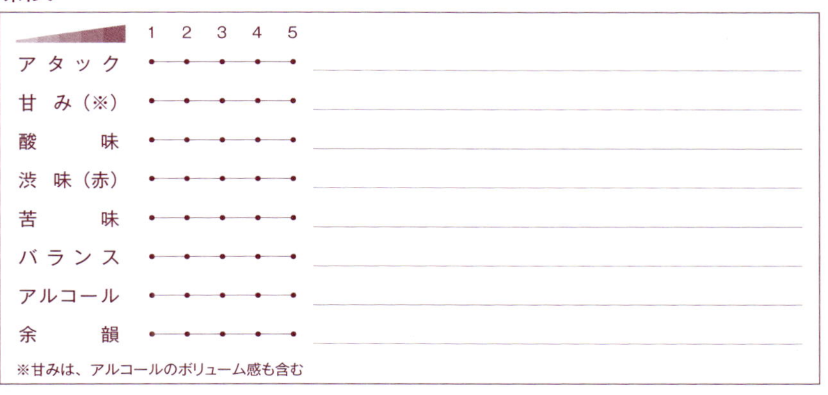

感想 / メモ

DATE　年　月　日（　）

評価 ☆☆☆☆☆

銘柄

購入先　年　月　日

生産地 ／ 生産者

年代

価格

タイプ　赤・白・ロゼ（その他　）

合わせた料理

どんなシチュエーション

ラベル写真

photo or Label

外観

※色の濃さ　淡い・中程度・濃い

香り

※香りのボリューム　小・中・大　閉じている

味わい

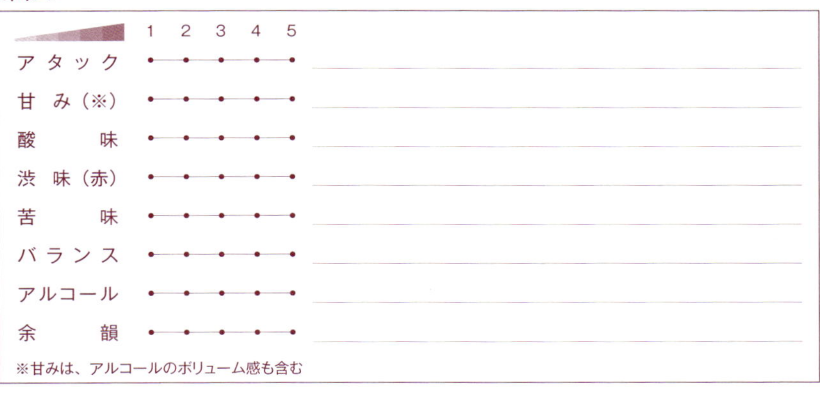

感想／メモ

DATE 年 月 日（ ） 評価 ☆ ☆ ☆ ☆ ☆

銘柄

購入先 年 月 日

生産地 ／ 生産者

年代 価格 タイプ 赤 ・ 白 ・ ロゼ（その他 ）

合わせた料理

ラベル写真

photo or Label

どんなシチュエーション

外観

※色の濃さ　淡い・中程度・濃い

香り

※香りのボリューム　小・中・大　閉じている

味わい

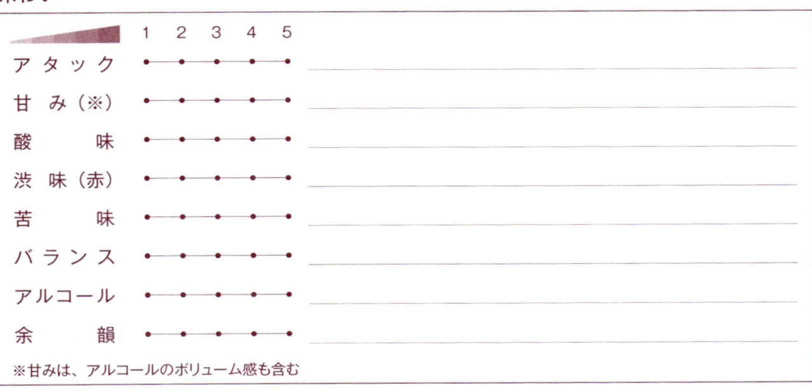

感想 / メモ

DATE 年 月 日（ ） 評価 ☆ ☆ ☆ ☆ ☆

銘柄

購入先 年 月 日

生産地 ／ 生産者

年代

価格

タイプ 赤・白・ロゼ（その他 ）

合わせた料理

どんなシチュエーション

ラベル写真

photo or Label

外観

※色の濃さ　淡い・中程度・濃い

香り

※香りのボリューム　小・中・大　閉じている

味わい

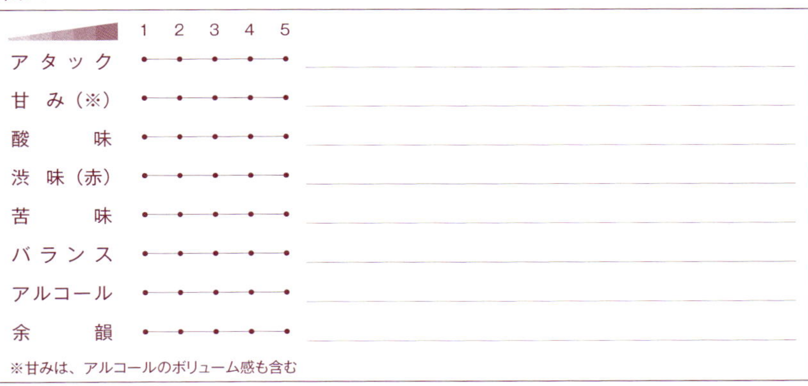

感想／メモ

DATE　　　　年　　月　　日（　　）　評価 ☆ ☆ ☆ ☆ ☆

銘柄

購入先　　　　　　　　　　　年　　月　　日

生産地 ／ 生産者

年代　　　　価格　　　　タイプ　赤・白・ロゼ（その他　　）

合わせた料理

ラベル写真

photo or Label

どんなシチュエーション

外観

※色の濃さ　淡い・中程度・濃い

香り

※香りのボリューム　小・中・大　閉じている

味わい

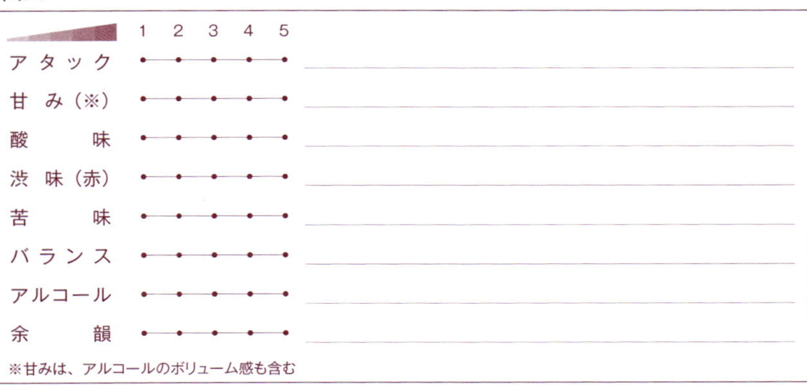

	1	2	3	4	5
アタック					
甘み（※）					
酸味					
渋味（赤）					
苦味					
バランス					
アルコール					
余韻					

※甘みは、アルコールのボリューム感も含む

感想 / メモ

DATE 年 月 日（ ） 評価 ☆ ☆ ☆ ☆ ☆

銘柄

購入先 年 月 日

生産地 ／ 生産者

年代

価格

タイプ 赤・白・ロゼ（その他 ）

合わせた料理

ラベル写真

photo or Label

どんなシチュエーション

外観

※色の濃さ　淡い・中程度・濃い

香り

※香りのボリューム　小・中・大　閉じている

味わい

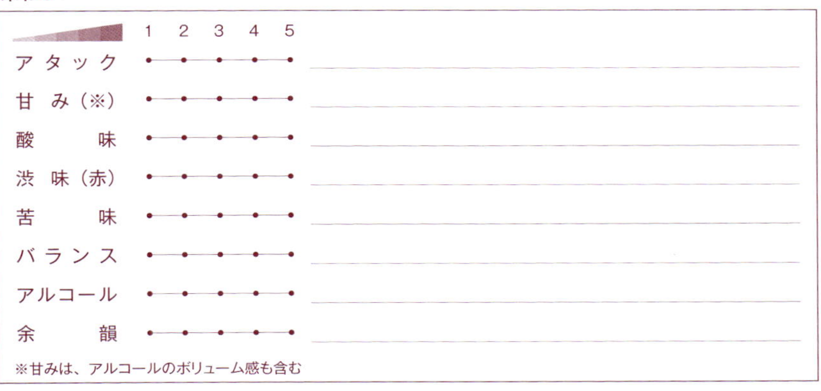

	1	2	3	4	5
アタック	•	•	•	•	•
甘み（※）	•	•	•	•	•
酸味	•	•	•	•	•
渋味（赤）	•	•	•	•	•
苦味	•	•	•	•	•
バランス	•	•	•	•	•
アルコール	•	•	•	•	•
余韻	•	•	•	•	•

※甘みは、アルコールのボリューム感も含む

感想／メモ

DATE　　　年　　　月　　　日（　　）

評価 ☆☆☆☆☆

銘柄

購入先　　　　　　　　年　　　月　　　日

生産地 ／ 生産者

年代

価格

タイプ 赤・白・ロゼ（その他　　）

合わせた料理

ラベル写真

photo or Label

どんなシチュエーション

TASTING テイスティング

外観

※色の濃さ　淡い・中程度・濃い

香り

※香りのボリューム　小・中・大　閉じている

味わい

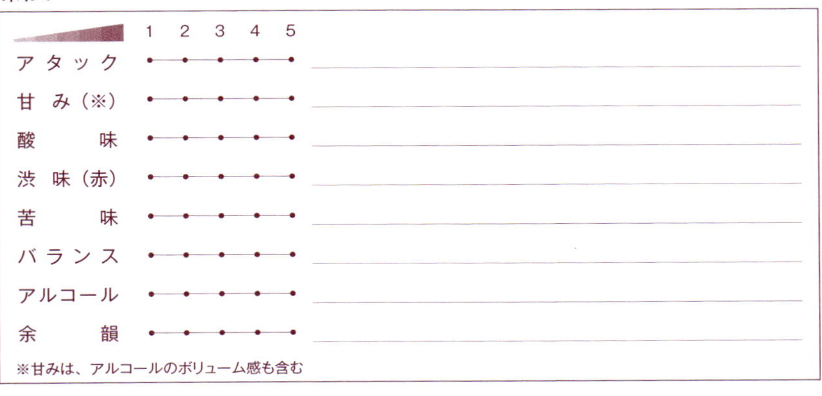

	1	2	3	4	5
アタック					
甘み（※）					
酸味					
渋味（赤）					
苦味					
バランス					
アルコール					
余韻					

※甘みは、アルコールのボリューム感も含む

感想 / メモ

DATE　　　年　　月　　日（　　）　評価 ☆ ☆ ☆ ☆ ☆

銘柄

購入先　　　年　　月　　日

生産地 ／ 生産者

年代

価格

タイプ　赤・白・ロゼ（その他　　）

合わせた料理

ラベル写真

photo or Label

どんなシチュエーション

TASTING テイスティング

外観

※色の濃さ　淡い・中程度・濃い

香り

※香りのボリューム　小・中・大　閉じている

味わい

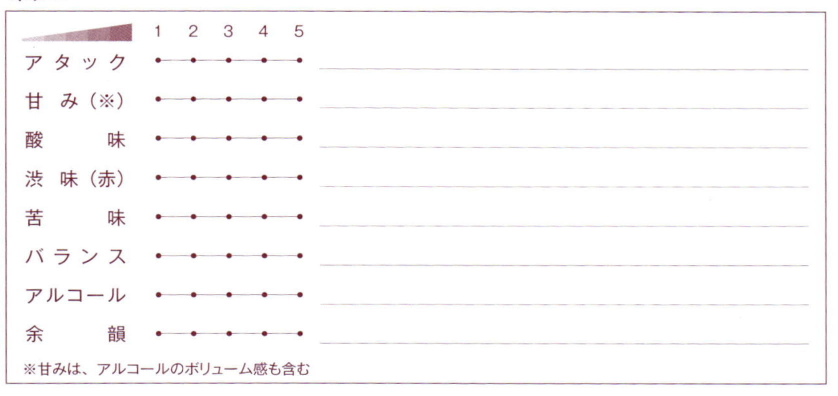

	1	2	3	4	5
アタック	•	•	•	•	•
甘み（※）	•	•	•	•	•
酸味	•	•	•	•	•
渋味（赤）	•	•	•	•	•
苦味	•	•	•	•	•
バランス	•	•	•	•	•
アルコール	•	•	•	•	•
余韻	•	•	•	•	•

※甘みは、アルコールのボリューム感も含む

感想 / メモ

DATE　　　年　　月　　日（　　）　評価 ☆☆☆☆☆

銘柄

購入先　　　　　　　　　　　　年　　月　　日

生産地　／　生産者

年代　　　価格　　　タイプ　赤・白・ロゼ（その他　　）

合わせた料理

ラベル写真

photo or Label

どんなシチュエーション

外観

※色の濃さ　淡い・中程度・濃い

香り

※香りのボリューム　小・中・大　閉じている

味わい

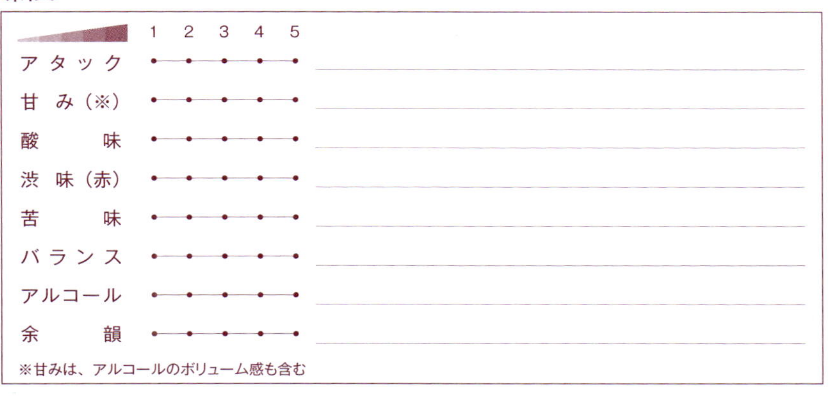

感想 / メモ

DATE　　年　　月　　日（　　）　評価 ☆☆☆☆☆

銘柄

購入先　　年　　月　　日

生産地 ／ 生産者

年代

価格

タイプ　赤・白・ロゼ（その他　　）

合わせた料理

ラベル写真

photo or Label

どんなシチュエーション

外観

※色の濃さ　淡い・中程度・濃い

香り

※香りのボリューム　小・中・大　閉じている

味わい

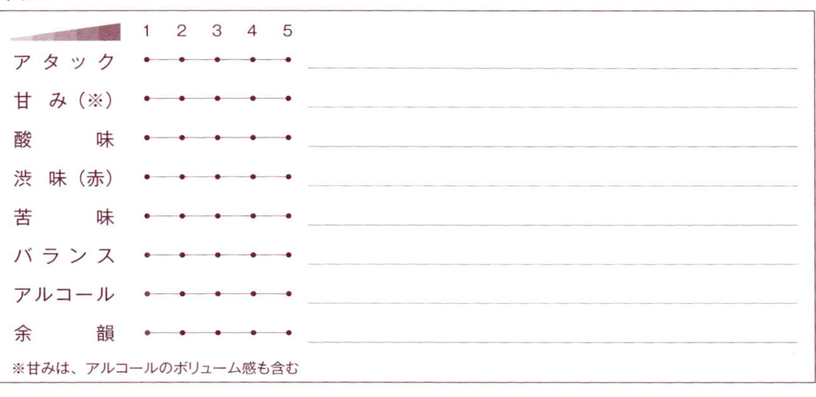

	1	2	3	4	5	
アタック	●	●	●	●	●	
甘み（※）	●	●	●	●	●	
酸味	●	●	●	●	●	
渋味（赤）	●	●	●	●	●	
苦味	●	●	●	●	●	
バランス	●	●	●	●	●	
アルコール	●	●	●	●	●	
余韻	●	●	●	●	●	

※甘みは、アルコールのボリューム感も含む

感想 / メモ

DATE 年 月 日（ ） 評価 ☆ ☆ ☆ ☆ ☆

銘柄

購入先 年 月 日

生産地 ／ 生産者

年代 価格 タイプ 赤・白・ロゼ（その他 ）

合わせた料理

どんなシチュエーション

ラベル写真

photo or Label

外観

※色の濃さ　淡い・中程度・濃い

香り

※香りのボリューム　小・中・大　閉じている

味わい

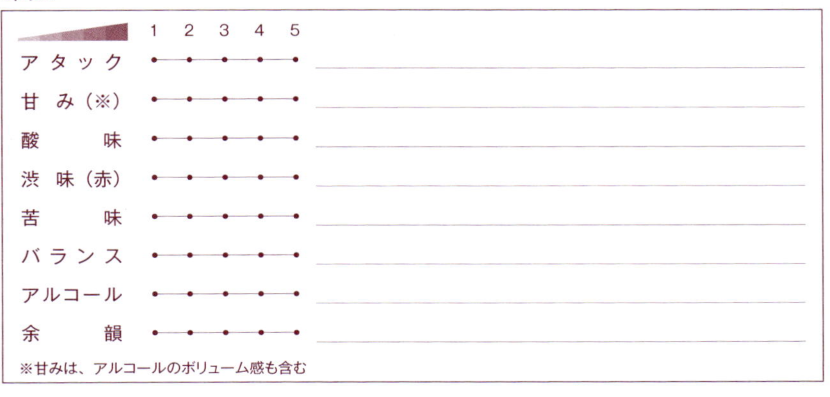

	1	2	3	4	5	
アタック	●	●	●	●	●	
甘み（※）	●	●	●	●	●	
酸味	●	●	●	●	●	
渋味（赤）	●	●	●	●	●	
苦味	●	●	●	●	●	
バランス	●	●	●	●	●	
アルコール	●	●	●	●	●	
余韻	●	●	●	●	●	

※甘みは、アルコールのボリューム感も含む

感想 / メモ

DATE 年 月 日（ ） 評価 ☆ ☆ ☆ ☆ ☆

銘柄

購入先 年 月 日

生産地 ／ 生産者

年代 価格 タイプ 赤・白・ロゼ（その他 ）

合わせた料理

ラベル写真

photo or Label

どんなシチュエーション

外観

※色の濃さ　淡い・中程度・濃い

香り

※香りのボリューム　小・中・大　閉じている

味わい

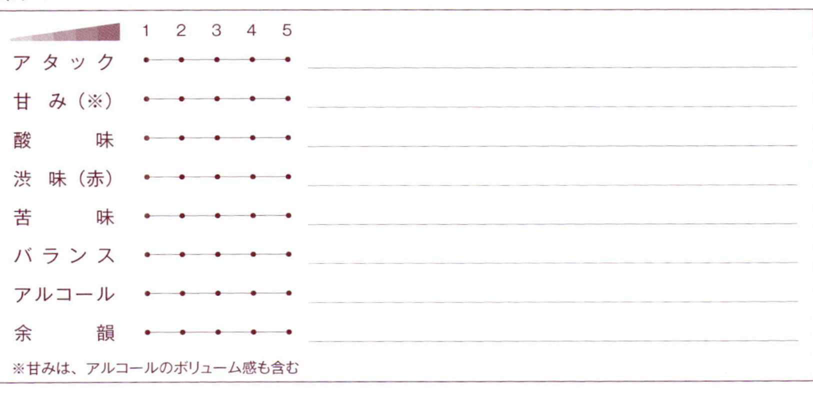

	1	2	3	4	5
アタック	●	●	●	●	●
甘み（※）	●	●	●	●	●
酸味	●	●	●	●	●
渋味（赤）	●	●	●	●	●
苦味	●	●	●	●	●
バランス	●	●	●	●	●
アルコール	●	●	●	●	●
余韻	●	●	●	●	●

※甘みは、アルコールのボリューム感も含む

感想／メモ

DATE　年　月　日（　）　評価 ☆☆☆☆☆

銘柄

購入先　年　月　日

生産地 ／ 生産者

年代

価格

タイプ　赤・白・ロゼ（その他　）

合わせた料理

ラベル写真

photo or Label

どんなシチュエーション

外観

※色の濃さ　淡い・中程度・濃い

香り

※香りのボリューム　小・中・大　閉じている

味わい

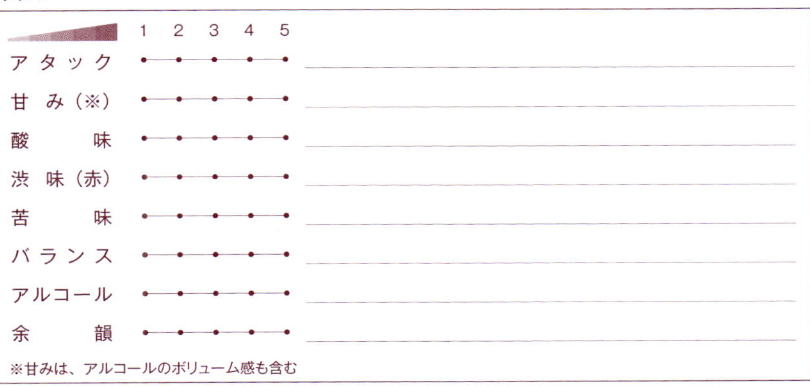

	1	2	3	4	5
アタック	●	●	●	●	●
甘み（※）	●	●	●	●	●
酸味	●	●	●	●	●
渋味（赤）	●	●	●	●	●
苦味	●	●	●	●	●
バランス	●	●	●	●	●
アルコール	●	●	●	●	●
余韻	●	●	●	●	●

※甘みは、アルコールのボリューム感も含む

感想 / メモ

DATE　　　年　　月　　日（　　）　評価 ☆ ☆ ☆ ☆ ☆

銘柄

購入先　　　　　　　　年　　月　　日

生産地 ／ 生産者

年代　　　価格　　　タイプ　赤・白・ロゼ（その他　　）

合わせた料理

ラベル写真

photo or Label

どんなシチュエーション

外観

※色の濃さ　淡い・中程度・濃い

香り

※香りのボリューム　小・中・大　閉じている

味わい

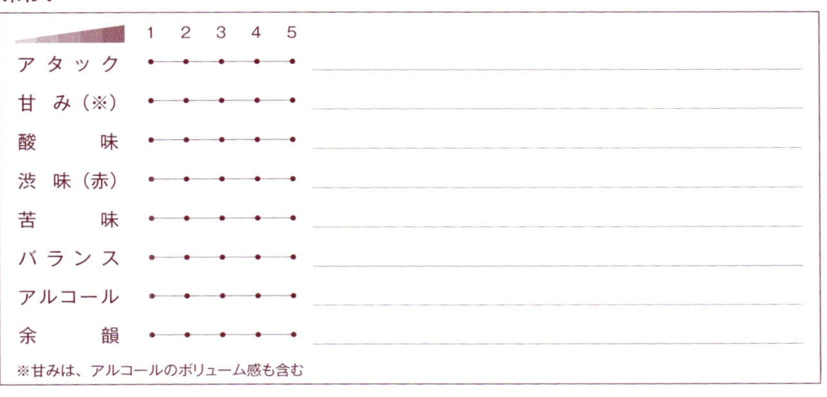

感想／メモ

DATE　　年　　月　　日（　　）　評価 ☆☆☆☆☆

銘柄

購入先　　　　年　　月　　日

生産地 ／ 生産者

年代　　価格　　タイプ　赤・白・ロゼ（その他　　）

合わせた料理

ラベル写真

photo or Label

どんなシチュエーション

外観

※色の濃さ　淡い・中程度・濃い

香り

※香りのボリューム　小・中・大　閉じている

味わい

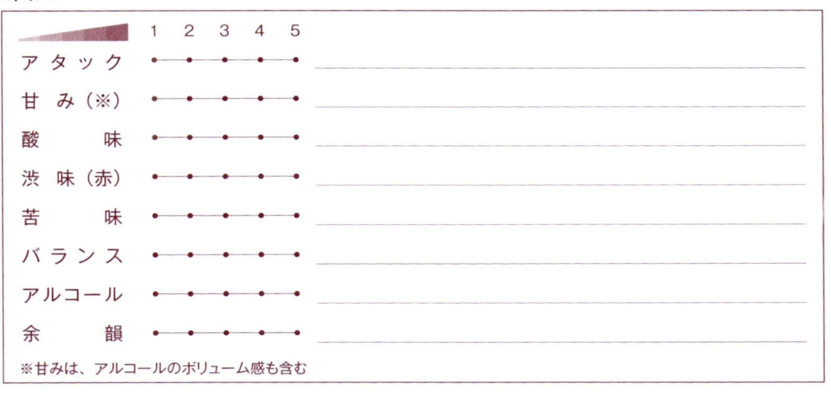

	1	2	3	4	5
アタック	●	●	●	●	●
甘み（※）	●	●	●	●	●
酸味	●	●	●	●	●
渋味（赤）	●	●	●	●	●
苦味	●	●	●	●	●
バランス	●	●	●	●	●
アルコール	●	●	●	●	●
余韻	●	●	●	●	●

※甘みは、アルコールのボリューム感も含む

感想／メモ

DATE　　年　　月　　日（　　）　評価 ☆☆☆☆☆

銘柄

購入先　　　　年　　月　　日

生産地 ／ 生産者

年代　　価格　　タイプ　赤・白・ロゼ（その他　　）

合わせた料理

どんなシチュエーション

ラベル写真

photo or Label

外観

※色の濃さ　淡い・中程度・濃い

香り

※香りのボリューム　小・中・大　閉じている

味わい

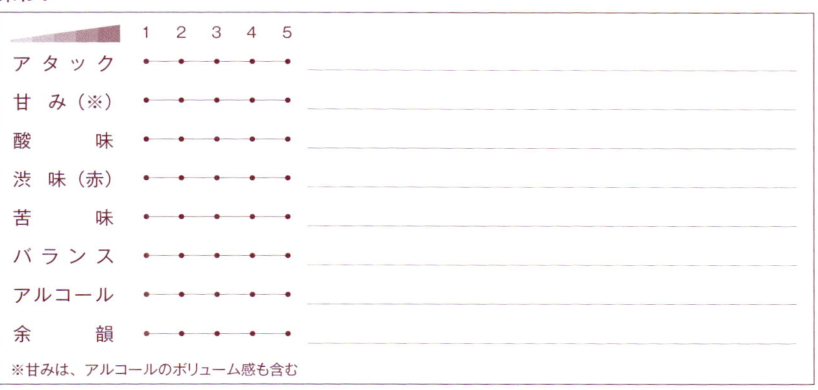

	1	2	3	4	5	
アタック	•	•	•	•	•	
甘み（※）	•	•	•	•	•	
酸味	•	•	•	•	•	
渋味（赤）	•	•	•	•	•	
苦味	•	•	•	•	•	
バランス	•	•	•	•	•	
アルコール	•	•	•	•	•	
余韻	•	•	•	•	•	

※甘みは、アルコールのボリューム感も含む

感想／メモ

DATE　年　月　日（　）　評価 ☆☆☆☆☆

銘柄

購入先　年　月　日

生産地 ／ 生産者

年代　価格　タイプ 赤・白・ロゼ（その他　）

合わせた料理

どんなシチュエーション

ラベル写真

photo or Label

外観

※色の濃さ　淡い・中程度・濃い

香り

※香りのボリューム　小・中・大　閉じている

味わい

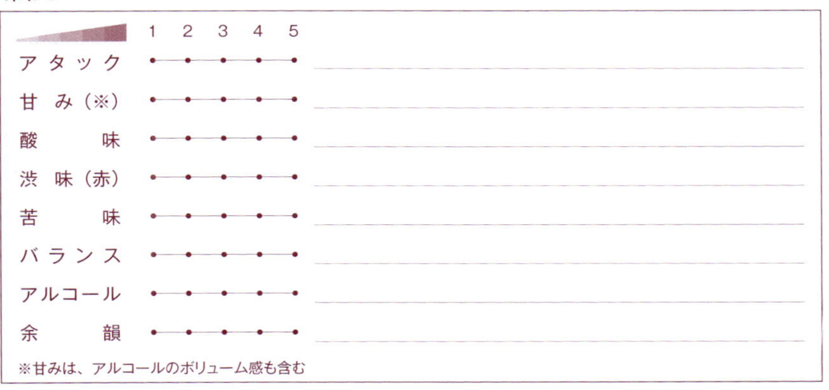

	1	2	3	4	5	
アタック	•	•	•	•	•	
甘み（※）	•	•	•	•	•	
酸味	•	•	•	•	•	
渋味（赤）	•	•	•	•	•	
苦味	•	•	•	•	•	
バランス	•	•	•	•	•	
アルコール	•	•	•	•	•	
余韻	•	•	•	•	•	

※甘みは、アルコールのボリューム感も含む

感想 / メモ

DATE　　　　年　　　月　　　日（　　）　評価 ☆☆☆☆☆

銘柄

購入先　　　　　　　　　　　　　　年　　　月　　　日

生産地 ／ 生産者

年代　　　　価格　　　　タイプ　赤・白・ロゼ（その他　　）

合わせた料理

ラベル写真

photo or Label

どんなシチュエーション

TASTING テイスティング

外観

※色の濃さ　淡い・中程度・濃い

香り

※香りのボリューム　小・中・大　閉じている

味わい

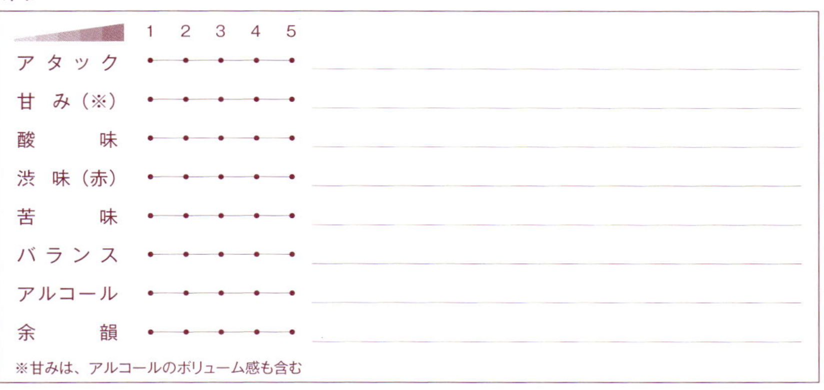

	1	2	3	4	5
アタック	●	●	●	●	●
甘み（※）	●	●	●	●	●
酸味	●	●	●	●	●
渋味（赤）	●	●	●	●	●
苦味	●	●	●	●	●
バランス	●	●	●	●	●
アルコール	●	●	●	●	●
余韻	●	●	●	●	●

※甘みは、アルコールのボリューム感も含む

感想 / メモ

DATE　　年　　月　　日（　　）　評価 ☆☆☆☆☆

銘柄

購入先　　　　年　　月　　日

生産地　／　生産者

年代　　価格　　タイプ　赤・白・ロゼ（その他　　）

合わせた料理

ラベル写真

photo or Label

どんなシチュエーション

外観

※色の濃さ　淡い・中程度・濃い

香り

※香りのボリューム　小・中・大　閉じている

味わい

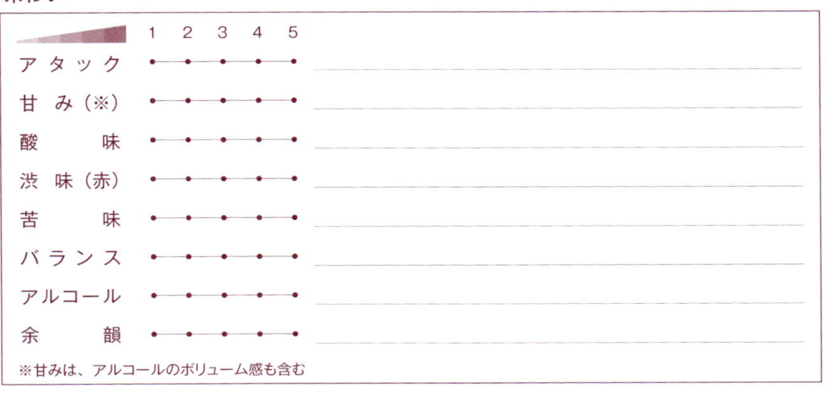

感想／メモ

DATE　　年　　月　　日（　　）　評価☆☆☆☆☆

銘柄

購入先　　年　　月　　日

生産地　／　生産者

年代　　価格　　タイプ　赤・白・ロゼ（その他　　）

合わせた料理

どんなシチュエーション

ラベル写真

photo or Label

外観

※色の濃さ　淡い・中程度・濃い

香り

※香りのボリューム　小・中・大　閉じている

味わい

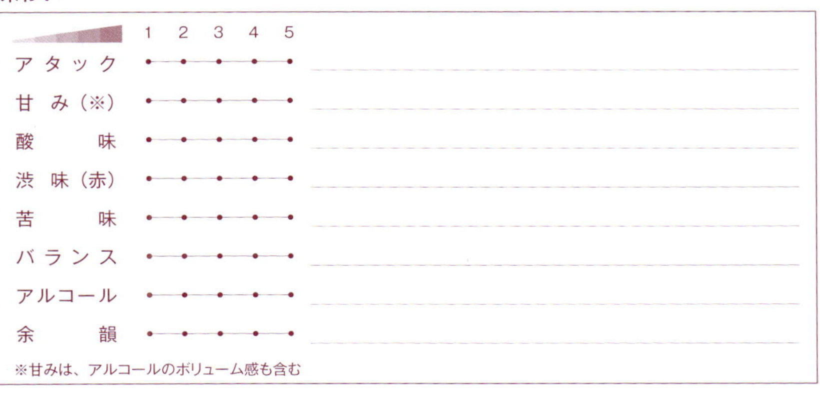

感想 / メモ

DATE　　年　　月　　日（　　）

評価 ☆☆☆☆☆

銘柄

購入先　　年　　月　　日

生産地 ／ 生産者

年代

価格

タイプ　赤・白・ロゼ（その他　　）

合わせた料理

ラベル写真

photo or Label

どんなシチュエーション

外観

※色の濃さ　淡い・中程度・濃い

香り

※香りのボリューム　小・中・大　閉じている

味わい

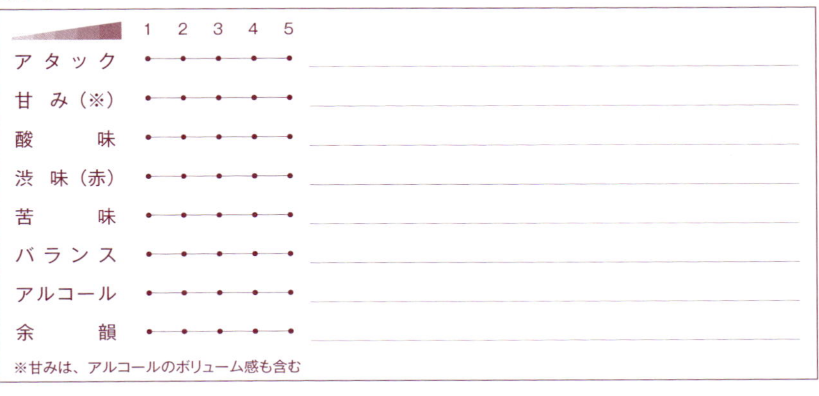

	1	2	3	4	5	
アタック	●	●	●	●	●	
甘み（※）	●	●	●	●	●	
酸味	●	●	●	●	●	
渋味（赤）	●	●	●	●	●	
苦味	●	●	●	●	●	
バランス	●	●	●	●	●	
アルコール	●	●	●	●	●	
余韻	●	●	●	●	●	

※甘みは、アルコールのボリューム感も含む

感想 / メモ

DATE　　年　　月　　日（　　）

評価 ☆☆☆☆☆

銘柄

購入先　　　　年　　月　　日

生産地 ／ 生産者

年代

価格

タイプ　赤・白・ロゼ（その他　　）

合わせた料理

ラベル写真

photo or Label

どんなシチュエーション

外観

※色の濃さ　淡い・中程度・濃い

香り

※香りのボリューム　小・中・大　閉じている

味わい

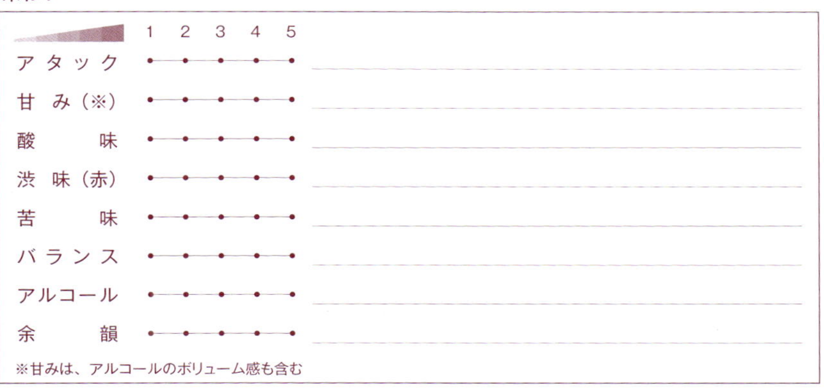

感想 / メモ

DATE 年 月 日（ ） 評価 ☆☆☆☆☆

銘柄

購入先 年 月 日

生産地 ／ 生産者

年代 価格 タイプ 赤・白・ロゼ（その他 ）

合わせた料理

ラベル写真

photo or Label

どんなシチュエーション

外観

※色の濃さ　淡い・中程度・濃い

香り

※香りのボリューム　小・中・大　閉じている

味わい

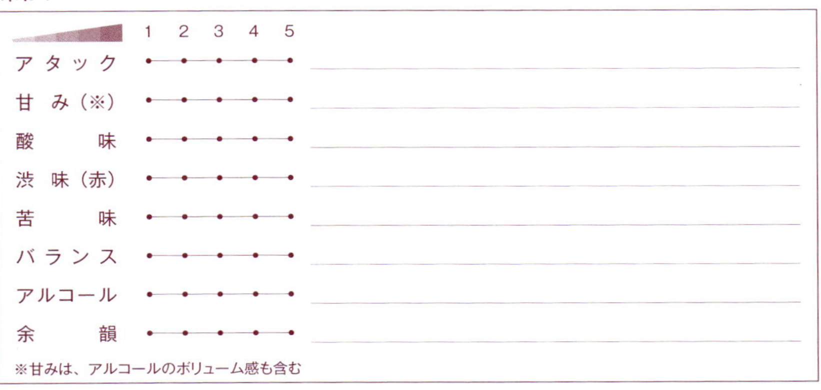

感想 / メモ

DATE　　年　　月　　日（　　）　評価 ☆ ☆ ☆ ☆ ☆

銘柄

購入先　　年　　月　　日

生産地 ／ 生産者

年代　　価格　　タイプ　赤・白・ロゼ（その他　　）

合わせた料理

どんなシチュエーション

ラベル写真

photo or Label

外観

※色の濃さ　淡い・中程度・濃い

香り

※香りのボリューム　小・中・大　閉じている

味わい

	1	2	3	4	5	
アタック	•	•	•	•	•	
甘み（※）	•	•	•	•	•	
酸味	•	•	•	•	•	
渋味（赤）	•	•	•	•	•	
苦味	•	•	•	•	•	
バランス	•	•	•	•	•	
アルコール	•	•	•	•	•	
余韻	•	•	•	•	•	

※甘みは、アルコールのボリューム感も含む

感想／メモ

DATE　　年　　月　　日（　　）　評価 ☆ ☆ ☆ ☆ ☆

銘柄

購入先　　年　　月　　日

生産地 ／ 生産者

年代　　価格　　タイプ 赤・白・ロゼ（その他　　）

合わせた料理

どんなシチュエーション

ラベル写真

photo or Label

外観

※色の濃さ　淡い・中程度・濃い

香り

※香りのボリューム　小・中・大　閉じている

味わい

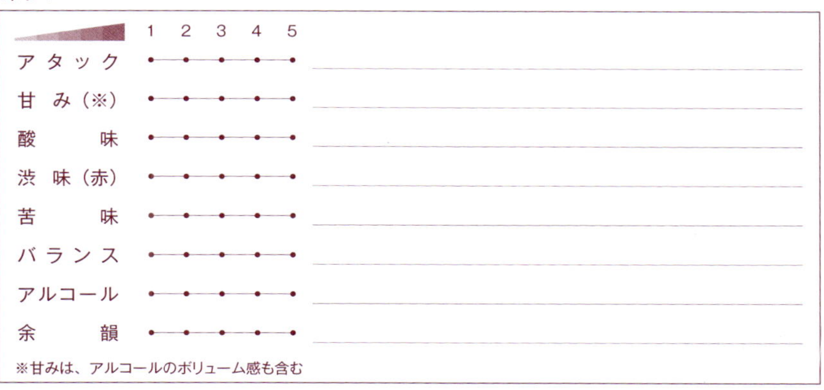

	1	2	3	4	5	
アタック	●	●	●	●	●	
甘み（※）	●	●	●	●	●	
酸味	●	●	●	●	●	
渋味（赤）	●	●	●	●	●	
苦味	●	●	●	●	●	
バランス	●	●	●	●	●	
アルコール	●	●	●	●	●	
余韻	●	●	●	●	●	

※甘みは、アルコールのボリューム感も含む

感想／メモ

DATE　　　年　　月　　日（　　）

評価 ☆ ☆ ☆ ☆ ☆

銘柄

購入先　　　　　　年　　月　　日

生産地 ／ 生産者

年代

価格

タイプ　赤 ・ 白 ・ ロゼ（その他　　）

合わせた料理

どんなシチュエーション

ラベル写真

photo or Label

外観

※色の濃さ　淡い・中程度・濃い

香り

※香りのボリューム　小・中・大　閉じている

味わい

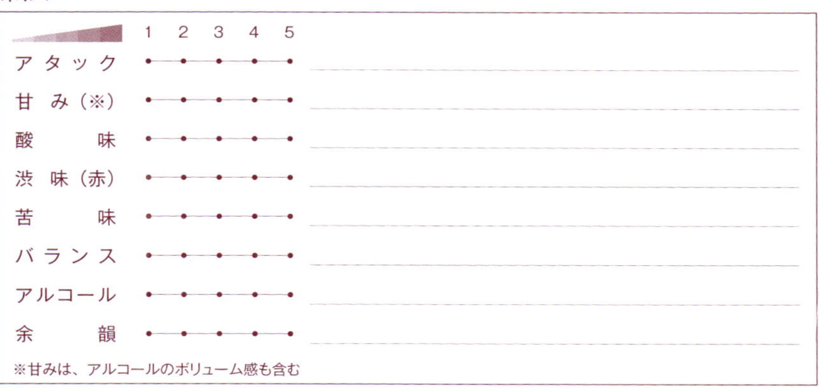

	1	2	3	4	5	
アタック	●	●	●	●	●	
甘み（※）	●	●	●	●	●	
酸味	●	●	●	●	●	
渋味（赤）	●	●	●	●	●	
苦味	●	●	●	●	●	
バランス	●	●	●	●	●	
アルコール	●	●	●	●	●	
余韻	●	●	●	●	●	

※甘みは、アルコールのボリューム感も含む

感想 / メモ

DATE　　　　年　　　月　　　日（　　）　評価 ☆ ☆ ☆ ☆ ☆

銘柄

購入先　　　　　　　　　　　　　　年　　　月　　　日

生産地 ／ 生産者

年代　　　価格　　　タイプ　赤 ・ 白 ・ ロゼ（その他　　）

合わせた料理

どんなシチュエーション

ラベル写真

photo or Label

外観

※色の濃さ　淡い・中程度・濃い

香り

※香りのボリューム　小・中・大　閉じている

味わい

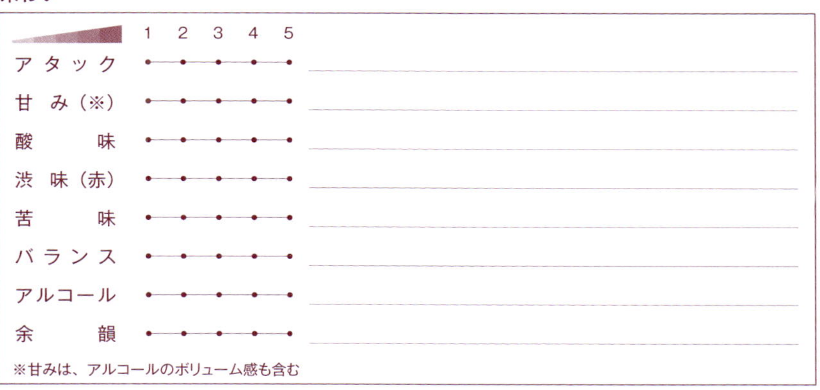

	1	2	3	4	5	
アタック	●	●	●	●	●	
甘み（※）	●	●	●	●	●	
酸味	●	●	●	●	●	
渋味（赤）	●	●	●	●	●	
苦味	●	●	●	●	●	
バランス	●	●	●	●	●	
アルコール	●	●	●	●	●	
余韻	●	●	●	●	●	

※甘みは、アルコールのボリューム感も含む

感想／メモ

DATE 年 月 日（ ） 評価 ☆ ☆ ☆ ☆ ☆

銘柄

購入先 年 月 日

生産地 ／ 生産者

年代

価格

タイプ 赤・白・ロゼ（その他 ）

合わせた料理

ラベル写真

photo or Label

どんなシチュエーション

外観

※色の濃さ　淡い・中程度・濃い

香り

※香りのボリューム　小・中・大　閉じている

味わい

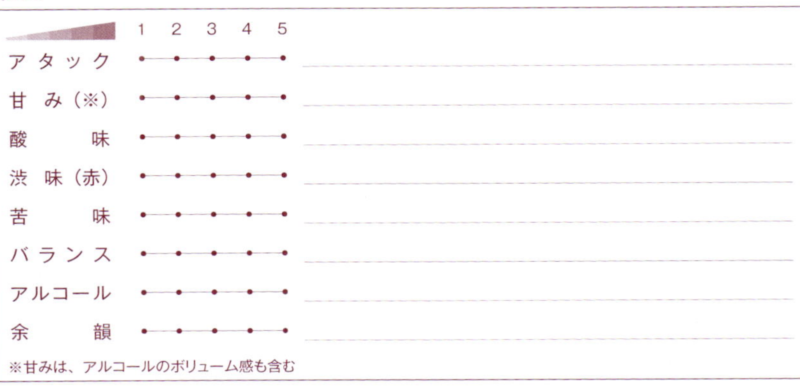

	1	2	3	4	5	
アタック	●	●	●	●	●	
甘み（※）	●	●	●	●	●	
酸味	●	●	●	●	●	
渋味（赤）	●	●	●	●	●	
苦味	●	●	●	●	●	
バランス	●	●	●	●	●	
アルコール	●	●	●	●	●	
余韻	●	●	●	●	●	

※甘みは、アルコールのボリューム感も含む

感想 / メモ

DATE　　　　年　　　月　　　日（　　）　評価 ☆ ☆ ☆ ☆ ☆

銘柄

購入先　　　　　　　　　　　　　　　　年　　　月　　　日

生産地 ／ 生産者

年代　　　　価格　　　　タイプ　赤・白・ロゼ（その他　　）

合わせた料理

ラベル写真

photo or Label

どんなシチュエーション

TASTING テイスティング

外観

※色の濃さ　淡い・中程度・濃い

香り

※香りのボリューム　小・中・大　閉じている

味わい

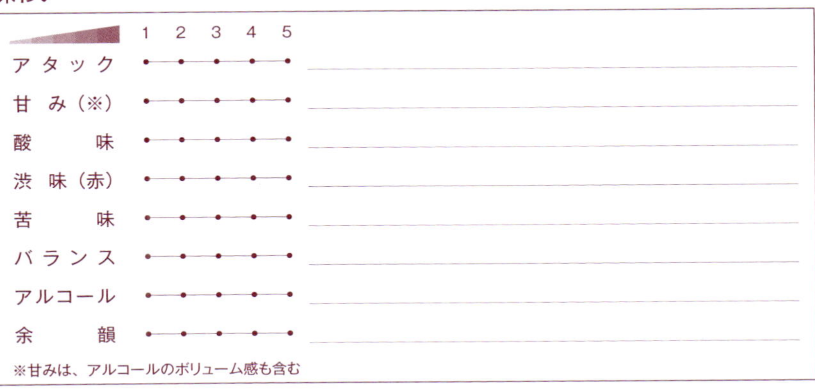

	1	2	3	4	5	
アタック	●	●	●	●	●	
甘み（※）	●	●	●	●	●	
酸味	●	●	●	●	●	
渋味（赤）	●	●	●	●	●	
苦味	●	●	●	●	●	
バランス	●	●	●	●	●	
アルコール	●	●	●	●	●	
余韻	●	●	●	●	●	

※甘みは、アルコールのボリューム感も含む

感想 / メモ

DATE　　年　　月　　日（　　）　評価 ☆☆☆☆☆

銘柄

購入先　　年　　月　　日

生産地 ／ 生産者

年代

価格

タイプ　赤・白・ロゼ（その他　　）

合わせた料理

ラベル写真

photo or Label

どんなシチュエーション

外観

※色の濃さ　淡い・中程度・濃い

香り

※香りのボリューム　小・中・大　閉じている

味わい

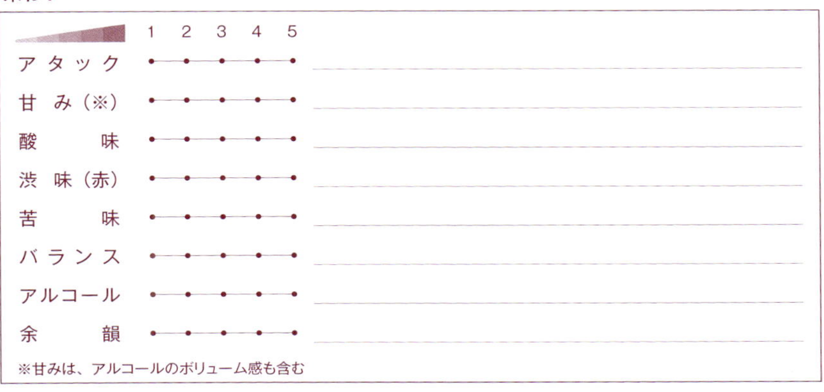

感想 / メモ

DATE　　年　　月　　日（　　）　評価 ☆ ☆ ☆ ☆ ☆

銘柄

購入先　　年　　月　　日

生産地 ／ 生産者

年代　　価格　　タイプ 赤・白・ロゼ（その他　　）

合わせた料理

ラベル写真

photo or Label

どんなシチュエーション

外観

※色の濃さ　淡い・中程度・濃い

香り

※香りのボリューム　小・中・大　閉じている

味わい

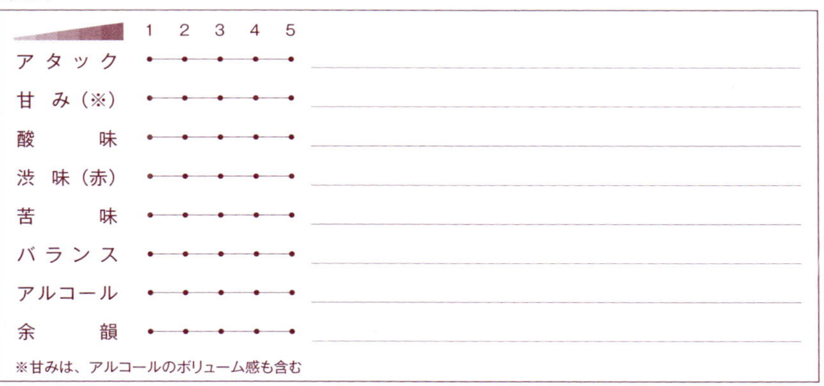

感想 / メモ

DATE 年 月 日（ ） 評価 ☆☆☆☆☆

銘柄

購入先 年 月 日

生産地 ／ 生産者

年代 価格 タイプ 赤・白・ロゼ（その他 ）

合わせた料理

ラベル写真

photo or Label

どんなシチュエーション

外観

※色の濃さ　淡い・中程度・濃い

香り

※香りのボリューム　小・中・大　閉じている

味わい

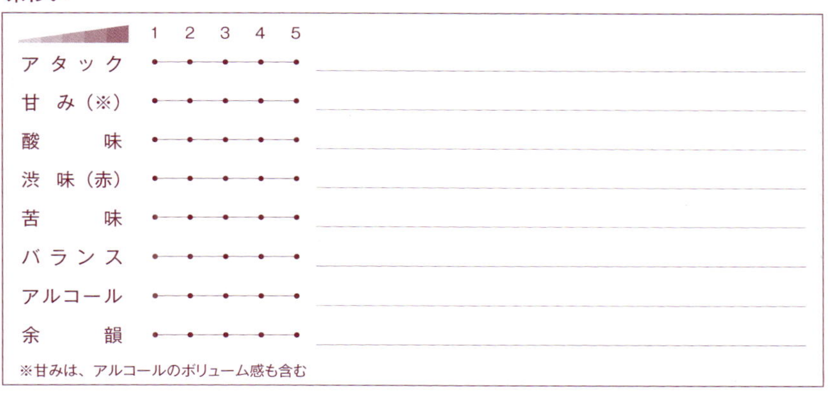

	1	2	3	4	5	
アタック	●	●	●	●	●	
甘み（※）	●	●	●	●	●	
酸味	●	●	●	●	●	
渋味（赤）	●	●	●	●	●	
苦味	●	●	●	●	●	
バランス	●	●	●	●	●	
アルコール	●	●	●	●	●	
余韻	●	●	●	●	●	

※甘みは、アルコールのボリューム感も含む

感想／メモ

DATE　　　　年　　　月　　　日（　　）

評価 ☆☆☆☆☆

銘柄

購入先　　　　　　　　　　　　年　　　月　　　日

生産地 ／ 生産者

年代

価格

タイプ　赤・白・ロゼ（その他　　）

合わせた料理

ラベル写真

photo or Label

どんなシチュエーション

外観

※色の濃さ　淡い・中程度・濃い

香り

※香りのボリューム　小・中・大　閉じている

味わい

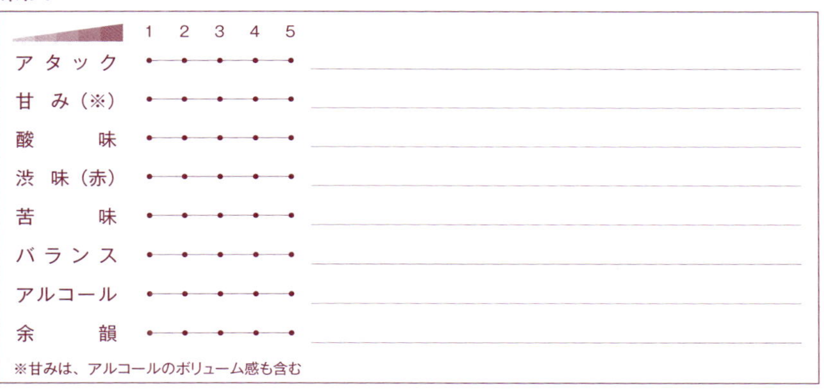

感想 / メモ

DATE　　　年　　　月　　　日（　　）　評価 ☆ ☆ ☆ ☆ ☆

銘柄

購入先　　　　　　　　　年　　　月　　　日

生産地　／　生産者

年代　　　価格　　　タイプ　赤・白・ロゼ（その他　　）

合わせた料理

ラベル写真

photo or Label

どんなシチュエーション

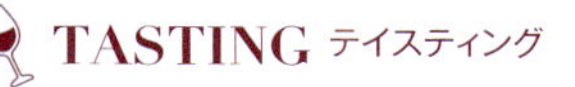

TASTING テイスティング

外観

※色の濃さ　淡い・中程度・濃い

香り

※香りのボリューム　小・中・大　閉じている

味わい

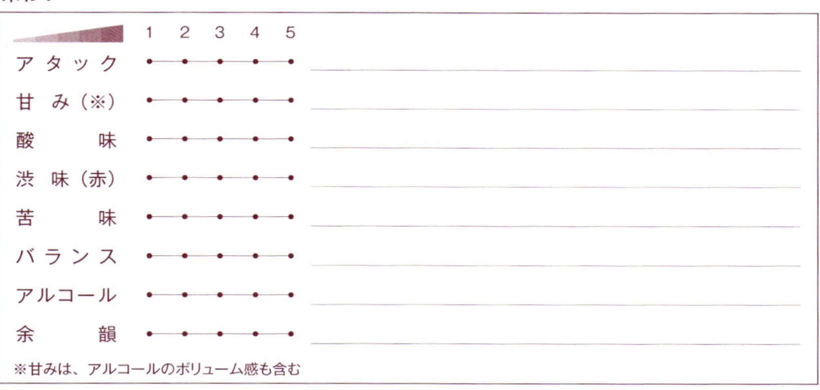

	1	2	3	4	5	
アタック	•	•	•	•	•	
甘み（※）	•	•	•	•	•	
酸味	•	•	•	•	•	
渋味（赤）	•	•	•	•	•	
苦味	•	•	•	•	•	
バランス	•	•	•	•	•	
アルコール	•	•	•	•	•	
余韻	•	•	•	•	•	

※甘みは、アルコールのボリューム感も含む

感想 / メモ

DATE　　年　　月　　日（　　）　評価 ☆ ☆ ☆ ☆ ☆

銘柄

購入先　　年　　月　　日

生産地 ／ 生産者

年代　　価格　　タイプ　赤・白・ロゼ（その他　　）

合わせた料理

どんなシチュエーション

ラベル写真

photo or Label

外観

※色の濃さ　淡い・中程度・濃い

香り

※香りのボリューム　小・中・大　閉じている

味わい

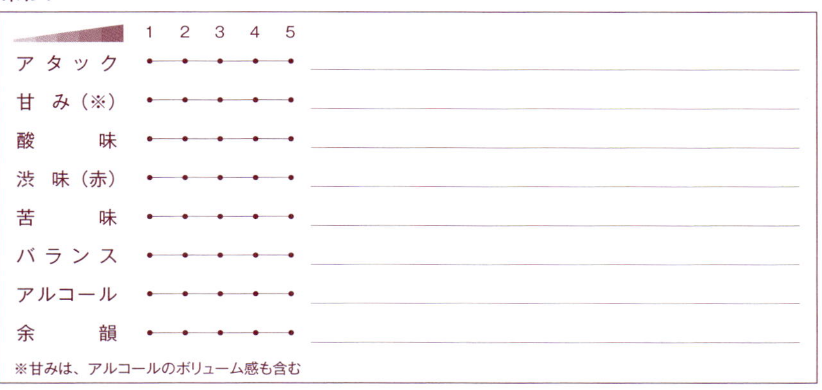

	1	2	3	4	5	
アタック	●	●	●	●	●	
甘み（※）	●	●	●	●	●	
酸味	●	●	●	●	●	
渋味（赤）	●	●	●	●	●	
苦味	●	●	●	●	●	
バランス	●	●	●	●	●	
アルコール	●	●	●	●	●	
余韻	●	●	●	●	●	

※甘みは、アルコールのボリューム感も含む

感想 / メモ

DATE　　　　年　　　月　　　日（　　）評価☆☆☆☆☆

銘柄

購入先　　　　　　　　　　　　　年　　　月　　　日

生産地　／　生産者

年代　　　　価格　　　　タイプ　赤・白・ロゼ（その他　　）

合わせた料理

ラベル写真

photo or Label

どんなシチュエーション

外観

※色の濃さ　淡い・中程度・濃い

香り

※香りのボリューム　小・中・大　閉じている

味わい

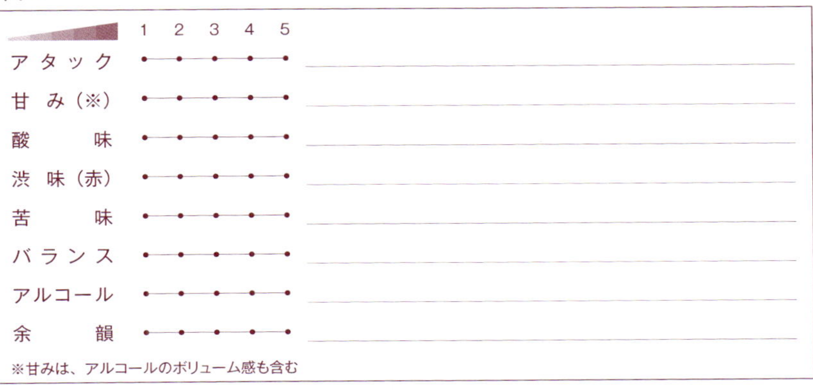

	1	2	3	4	5
アタック					
甘み（※）					
酸味					
渋味（赤）					
苦味					
バランス					
アルコール					
余韻					

※甘みは、アルコールのボリューム感も含む

感想 / メモ

DATE 年 月 日（ ） 評価 ☆ ☆ ☆ ☆ ☆

銘柄

購入先 年 月 日

生産地 ／ 生産者

年代

価格

タイプ 赤 ・ 白 ・ ロゼ（その他 ）

合わせた料理

ラベル写真

photo or Label

どんなシチュエーション

外観

※色の濃さ　淡い・中程度・濃い

香り

※香りのボリューム　小・中・大　閉じている

味わい

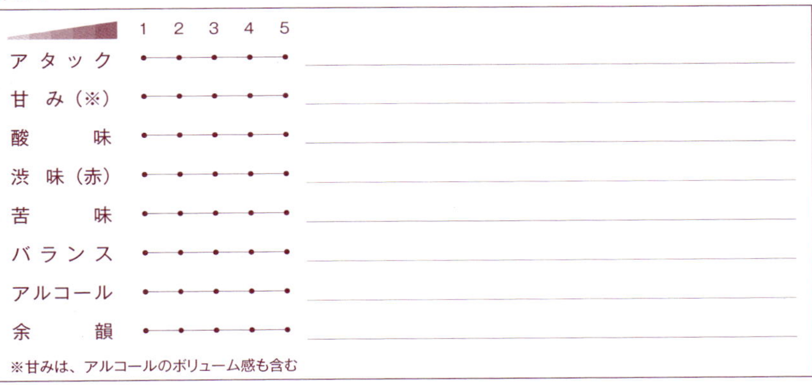

	1	2	3	4	5	
アタック	●	●	●	●	●	
甘み（※）	●	●	●	●	●	
酸味	●	●	●	●	●	
渋味（赤）	●	●	●	●	●	
苦味	●	●	●	●	●	
バランス	●	●	●	●	●	
アルコール	●	●	●	●	●	
余韻	●	●	●	●	●	

※甘みは、アルコールのボリューム感も含む

感想／メモ

知っておくと便利な山梨ワインの基礎用語集

協力:佐藤充克 山梨大学客員教授

あ

麻井宇介
本名・浅井昭吾。1930～2002年。メルシャン勝沼ワイナリー工場長、山梨県果実酒酒造組合会長などを歴任。独自のワイン文化論を展開、日本の造り手に大きな影響を与えた。

アサンブラージュ
2000年、山梨県内の中小ワイナリーの後継者が集まって立ち上げた若手醸造家グループ。名称は、醸造用語のブレンドに由来。勉強会、試飲会など幅広く活動している。

オリ(滓)
ワイン製造中に生じる沈澱物質。発酵後には酵母菌体が大部分を占める。※シュール・リー参照

か

勝沼ワイナリーズクラブ
1987年、「産地として甲州種ワインを守る」を旗印に甲州市勝沼町内のワイナリーで結成。自主基準の審査をパスしたワインは、クラブのオリジナルボトルの使用が認められる。

カベルネ・ソーヴィニヨン
赤ワイン用ブドウ。フランスのボルドーが代表的な産地。色調が濃く長期熟成に耐えうるワインを生む。

醸し
果汁もしくはワインに果皮・種子を漬け込んで色素やタンニンなどを抽出する工程。赤ワインは果汁と果皮・種子が混ざった状態で発酵させる。

KOJ(Koshu of Japan)
甲州種ワイン輸出プロジェクトとして2009年に発足。翌10年から世界のワイン市場の中心地である英国ロンドンでプロモーション活動を展開。

甲州
日本固有のワイン用ブドウ(白)。色調は淡く、香りや味わいは穏やか。果皮はグリ系といわれる灰色を帯びた淡い紅紫色。甲州種ワインの大半が山梨県で醸造されている。

甲州市原産地呼称ワイン認証制度
欧米のワイン法を手本に、2010年に市条例として制定。甲州市産と山梨県産のブドウに2区分しワインを認証。原料ブドウの出自を明らかにするため、畑の確認審査がある。

酵母
真菌類の一種で、アルコール醗酵を行うサッカロミセス・セレビシエ(Saccharomyces cerevisiae)を指すことが多い。糖分からエタノールを生成する。パン製造にも使用される。

さ

シャルドネ
フランスのブルゴーニュを代表するブドウ(白)。酸とアルコール分が豊か。日本各地で栽培され、国内のヨーロッパ系品種の中で最も栽培面積が広い。

シュール・リー
フランス語でオリの上という意味。発酵終了後、発生したオリを取り除かずに一定期間、ワインとオリを接触させることで、白ワインの風味に厚みを持たせる醸造法。

スキンコンタクト
白ワインの風味を高めるため、ブドウを破砕した後、圧搾する前に果皮と果汁を一緒に保持して果皮成分を抽出する方法。

3—スルファニルヘキサノール(3SH or 3MH)
パッションフルーツやグレープフルーツの香り成分。フランス・ボルドー大学の富永敬俊氏(2008年没)が見いだしたソーヴィニヨン・ブランの特徴香の一つ。

セニエ法
黒ブドウを使い赤ワイン同様の醸造を開始し、ほどよく色がついたら果汁を引き抜き、発酵を続ける。ロゼワインのほか赤ワインの濃縮法としても使われる。

た

大日本山梨葡萄酒会社
明治10(1877)年、勝沼に設立された日本初の民間醸造会社。同年、高野正誠、土屋龍憲の青年2人をフランスに派遣、本格的なワイン造りを学ばせた。

棚仕立て
頭上にブドウの枝を伸ばす栽培方法。高温多湿な日本の気象条件の下、主に生食用を育てることを目的に、江戸時代から採用され続けてきた。

樽熟成
発酵が終わったワインを樽に入れて熟成させること。樹脂の香りやロースト香が生じる。

樽発酵
果汁を樽に入れて発酵させること。柔らかい樽香が付きワインの味わいが複雑になる。

地理的表示
地域特有の風土などを利用した独自の品質を持ち、社会的に定評のある特産品の産地を示す名称。2013年、ワインの地理的表示第1号として「山梨」が国から指定された。

デラウェア
アメリカ系品種(白)。明治初期に伝来し山梨県で栽培が始まった。生食用を兼ねている。

な

日本ワインコンクール
国産ブドウ100%で造られたワインを対象とした日本で唯一のコンクールで、2003年から山梨県を会場に毎年開かれている。

ヌーボー
新酒のこと。甲州種とマスカット・ベーリーAで造られた新酒ワインを「山梨ヌーボー」と命名し、11月3日を解禁日としている。

は

ピノ・ノワール
赤ワイン用ブドウ、フランス・ブルゴーニュの主要品種。きめ細かな酸味と渋味を持ち、ふくよかなボディ。

瓶内二次発酵
ベースワインを瓶詰めし、糖分と酵母を加えて再び発酵させ、炭酸ガスを発生させる方法。高品質なスパークリングワインの製法。

フリーラン
ブドウを除梗破砕して搾汁機に入れた際に自然に流れ出る果汁。高級白ワイン醸造用に使われる。

ポリフェノール
ベンゼンに水酸基の付いたフェノール類を複数含む物質の総称。フェノール類は抗酸化性を示し、種々の健康機能性が知られている。

ボルドー液
硫酸銅と石灰の交合溶液。ベト病などを防ぐため、葉やブドウに散布する。甲州種ワインの香りを引き出すためにボルドー液を使わない「ノンボルドー」という栽培法もある。

ま

マスカット・ベーリーA
赤ワイン用ブドウ、1927(昭和2)年、「日本のワインブドウの父」と称される川上善兵衛が作出した交配品種。キャンディーを思わせる甘い香りが特徴。

マロラクティック発酵(乳酸発酵)
リンゴ酸を乳酸菌の働きで、乳酸に変化させる工程。酸味がやわらぎ、複雑味が生じる。白ワインは通常行なわない。

メルロー
赤ワイン用ブドウ。フランス・ボルドーの代表的な品種。早熟で果実味に富み、ボリューム感がある。日本各地で栽培され、国内のヨーロッパ系品種の中で収穫量は第1位。

や

ヤマブドウ
山野に自生するブドウ。濃い色合いと強烈な酸味が特徴。ヤマブドウとカベルネ・ソーヴィニヨンの交配品種「ヤマソービニオン」は1990年に山梨大で開発された。

ら

レインカット
垣根栽培にビニール被覆を組み合わせた雨よけ。ブドウが雨に濡れて病気を発生するのを防ぐための栽培法で、マンズワインが考案した。

わ

ワイン科学士
山梨大学が独自に創設した認定制度で2008年度にスタート。ワイナリー技術者ら向けの再教育コース課程を修了し、利き酒や筆記試験などの合格者を認定。

山梨県内のワイナリー 一覧

※データ提供:山梨県ワイン酒造組合

甲府市

サドヤ	〒400-0024	甲府市北口3-3-24	TEL: 055-253-4114
シャトー酒折ワイナリー	〒400-0804	甲府市酒折町1338-203	TEL: 055-227-0511
信玄ワイン	〒400-0032	甲府市中央5-1-5	TEL: 055-233-2579
ドメーヌQ	〒400-0803	甲府市桜井町47	TEL: 055-233-4427

韮崎市

能見園 河西ワイナリー	〒407-0263	韮崎市穴山町3993	TEL: 0551-25-5107
サン･フーズ	〒407-0033	韮崎市龍岡町下條南割640	TEL: 0551-22-6654
ドメーヌ茅ヶ岳	〒407-0011	韮崎市上ノ山3237-6	TEL: 080-5534-1674
本坊酒造 マルス穂坂ワイナリー	〒407-0172	韮崎市穂坂町上今井8-1	TEL: 0551-45-8511

甲斐市

敷島醸造	〒400-1113	甲斐市亀沢3228	TEL: 055-277-2805
サントリー 登美の丘ワイナリー	〒400-0103	甲斐市大垈2786	TEL: 0551-28-7311
シャトレーゼ ベルフォーレワイナリー	〒400-0105	甲斐市下今井1954	TEL: 0551-28-4451

北杜市

シャルマンワイン(江井ヶ嶋酒造)	〒408-0315	北杜市白州町白須1045-1	TEL: 0551-35-2603

市川三郷町

楽園葡萄酒醸造場	〒409-3601	西八代郡市川三郷町市川大門5173-2	TEL: 055-272-0026

南アルプス市

ドメーヌ ヒデ	〒400-0306	南アルプス市小笠原436-1	TEL: 090-7219-6183

山梨市

旭洋酒(ソレイユワイン)	〒405-0005	山梨市小原東857-1	TEL: 0553-22-2236
金井醸造場(CANEY WINE)	〒405-0031	山梨市万力806	TEL: 0553-22-0148
サントネージュワイン	〒405-0018	山梨市上神内川107-1	TEL: 0553-22-1511
鶴屋醸造	〒405-0023	山梨市下栗原1450	TEL: 0553-20-1772
東晨洋酒	〒405-0024	山梨市歌田66	TEL: 0553-22-5681
日川葡萄酒醸造	〒405-0023	山梨市下栗原1063	TEL: 0553-22-1722
八幡洋酒	〒405-0044	山梨市市川1370	TEL: 0553-23-2082
山梨醗酵工業	〒405-0032	山梨市正徳寺1220-1	TEL: 0553-23-2462
三養醸造	〒404-0013	山梨市牧丘町窪平237-2	TEL: 0553-35-2108
四恩醸造	〒404-0016	山梨市牧丘町千野々宮764-1	TEL: 0553-20-3541

甲州市

牛奥第一葡萄酒	〒404-0034	甲州市塩山牛奥3969	TEL: 0553-33-8080
塩山洋酒醸造	〒404-0041	甲州市塩山千野693	TEL: 0553-33-2228
奥野田葡萄酒醸造	〒404-0034	甲州市塩山牛奥2529-3	TEL: 0553-33-9988
甲斐ワイナリー	〒404-0043	甲州市塩山下於曽910	TEL: 0553-32-2032
Kisvin Winery	〒404-0041	甲州市塩山千野474	TEL: 0553-32-0003
機山洋酒工業(Kizan Winery)	〒404-0047	甲州市塩山三日市場3313	TEL: 0553-33-3024
五味葡萄酒	〒404-0054	甲州市塩山藤木1937	TEL: 0553-33-3058
あさや葡萄酒	〒409-1315	甲州市勝沼町等々力166	TEL: 0553-44-1022

イケダワイナリー	〒409-1313	甲州市勝沼町下岩崎1943	TEL: 0553-44-2190
ホンジョーワイン(岩崎醸造)	〒409-1313	甲州市勝沼町下岩崎957	TEL: 0553-44-0020
大泉葡萄酒	〒409-1313	甲州市勝沼町下岩崎1809	TEL: 0553-44-2872
柏和葡萄酒	〒409-1316	甲州市勝沼町勝沼3559	TEL: 0553-44-0027
勝沼醸造	〒409-1313	甲州市勝沼町下岩崎371	TEL: 0553-44-0069
勝沼第八葡萄酒	〒409-1315	甲州市勝沼町等々力53	TEL: 0553-44-0162
錦城葡萄酒	〒409-1303	甲州市勝沼町小佐手1833	TEL: 0553-44-1567
シャトレーゼ　ベルフォーレワイナリー勝沼ワイナリー	〒409-1316	甲州市勝沼町勝沼2830-3	TEL: 0553-20-4700
盛田甲州ワイナリー(シャンモリワイン)	〒409-1316	甲州市勝沼町勝沼2842	TEL: 0553-44-2003
グランポレール勝沼ワイナリー	〒409-1305	甲州市勝沼町綿塚字大正577	TEL: 0553-44-2345
白百合醸造	〒409-1315	甲州市勝沼町等々力878-2	TEL: 0553-44-3131
シャトー勝沼	〒409-1302	甲州市勝沼町菱山4729	TEL: 0553-44-0073
シャトージュン	〒409-1302	甲州市勝沼町菱山3308	TEL: 0553-44-2501
蒼龍葡萄酒	〒409-1313	甲州市勝沼町下岩崎1841	TEL: 0553-44-0026
ダイヤモンド酒造	〒409-1313	甲州市勝沼町下岩崎880	TEL: 0553-44-0129
中央葡萄酒(グレイスワイン)	〒409-1315	甲州市勝沼町等々力173	TEL: 0553-44-1230
東夢	〒409-1316	甲州市勝沼町勝沼2562-2	TEL: 0553-44-5535
原茂ワイン	〒409-1316	甲州市勝沼町勝沼3181	TEL: 0553-44-0121
菱山中央醸造	〒409-1302	甲州市勝沼町菱山1425	TEL: 0553-44-0356
フジッコワイナリー	〒409-1313	甲州市勝沼町下岩崎2770-1	TEL: 0553-44-3181
まるき葡萄酒	〒409-1313	甲州市勝沼町下岩崎2488	TEL: 0553-44-1005
マルサン葡萄酒	〒409-1316	甲州市勝沼町勝沼3111-1	TEL: 0553-44-0160
丸藤葡萄酒工業	〒409-1314	甲州市勝沼町藤井780	TEL: 0553-44-0043
マンズワイン 勝沼ワイナリー	〒409-1306	甲州市勝沼町山400	TEL: 0553-44-2285
シャトー・メルシャン	〒409-1313	甲州市勝沼町下岩崎1425-1	TEL: 0553-44-1011
大和葡萄酒(ハギーワイン)	〒409-1315	甲州市勝沼町等々力776-1	TEL: 0553-44-0433
くらむぼんワイン	〒409-1313	甲州市勝沼町下岩崎835	TEL: 0553-44-0111

笛吹市

本坊酒造 マルス山梨ワイナリー	〒406-0022	笛吹市石和町山崎126	TEL: 055-262-1441
モンデ酒造	〒406-0031	笛吹市石和町市部476	TEL: 055-262-3161
新巻葡萄酒	〒405-0065	笛吹市一宮町新巻500	TEL: 0553-47-0071
アルプスワイン	〒405-0068	笛吹市一宮町狐新居323-1	TEL: 0553-47-5881
北野呂醸造	〒405-0065	笛吹市一宮町新巻480	TEL: 0553-47-1563
スズランワイナリー(スズラン酒造工業)	〒405-0059	笛吹市一宮町上矢作866	TEL: 0553-47-0221
日川中央葡萄酒(Liaison Wine)	〒405-0063	笛吹市一宮町市之蔵118-1	TEL: 0553-47-1553
南アルプスワインアンドビバレッジ	〒405-0059	笛吹市一宮町上矢作191-1	TEL: 0553-47-6550
モンターナスワイン	〒405-0054	笛吹市一宮町千米寺1040	TEL: 0553-47-0491
矢作洋酒	〒405-0059	笛吹市一宮町上矢作606	TEL: 0553-47-5911
ルミエール	〒405-0052	笛吹市一宮町南野呂624	TEL: 0553-47-0207
ニュー山梨ワイン醸造	〒406-0807	笛吹市御坂町二ノ宮611	TEL: 055-263-3036
笛吹ワイン	〒406-0804	笛吹市御坂町夏目原992	TEL: 055-263-2299
八代醸造	〒406-0821	笛吹市八代町北1603	TEL: 055-265-2418

大月市

笹一酒造	〒401-0024	大月市笹子町吉久保26	TEL: 0554-25-2008

WINE TASTING NOTEBOOK

[ワイン テイスティングノート]

監修：長谷部　賢

2018年3月26日　第1刷発行

協力　佐藤 充克
山梨県ワイン酒造組合

編集
発行　山梨日日新聞社

〒400-8515 甲府市北口 2-6-10
☎055-231-3105（出版部）

印刷　サンニチ印刷

ISBN978-4-89710-007-4